基础化学实验指导

主编 沈 悦

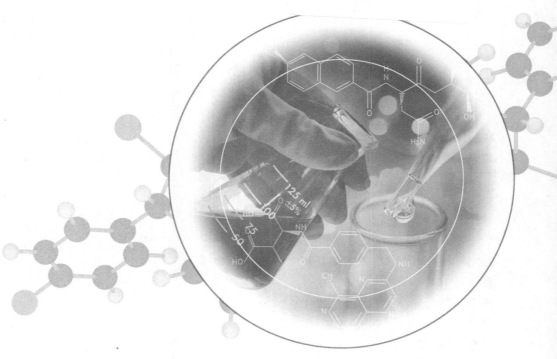

中国科学技术大学出版社

内 容 简 介

本教材涵盖无机化学、分析化学、有机化学和物理化学四个部分的实验项目,以培养学生基本操作、应用创新及合作能力为主。本书内容是后续课程学习及工作所必需的,在教学中可根据专业不同、学时不同,针对性地选择相应的实验项目。

本教材适合高等院校生物医药、能源化工及相关专业使用。

图书在版编目(CIP)数据

基础化学实验指导/沈悦主编. —合肥:中国科学技术大学出版社,2023.5
ISBN 978-7-312-05650-5

Ⅰ.基… Ⅱ.沈… Ⅲ.化学实验—高等学校—教学参考资料 Ⅳ.O6-3

中国国家版本馆 CIP 数据核字(2023)第 064286 号

基础化学实验指导
JICHU HUAXUE SHIYAN ZHIDAO

出版	中国科学技术大学出版社
	安徽省合肥市金寨路 96 号,230026
	http://press.ustc.edu.cn
	https://zgkxjsdxcbs.tmall.com
印刷	合肥市宏基印刷有限公司
发行	中国科学技术大学出版社
开本	710 mm×1000 mm 1/16
印张	8.5
字数	176 千
版次	2023 年 5 月第 1 版
印次	2023 年 5 月第 1 次印刷
定价	36.00 元

前　言

本教材将基础化学实验按照"四大化学"分为相应四个部分,分学期开设。第一学期开设无机化学实验部分,第二学期开设分析化学和有机化学实验部分,第三学期开设物理化学实验部分。由于该课程主要是为各专业后续课程打基础,所以基本操作性实验仍是教材主要内容,辅以综合性实验,以培养学生应用、创新及合作能力。在教学中,根据专业不同、学时不同,可针对性地选择实验项目,同时教材也对现有实验中较为陈旧的操作步骤进行了调整,如以旋转蒸发仪的使用代替普通蒸馏,这样既符合当前行业、企业及科研实际,又能大大缩短实验时间,提高效率。

本教材初稿已形成多年,其中无机化学实验、分析化学实验和有机化学实验部分由亳州学院沈悦、马伟博士、顾晶晶博士、葛笑兰老师等编写,物理化学实验部分由亳州学院张晴晴博士编写,沈悦统一进行整理、修改、统稿,王文建教授、邵国泉教授审核。其后,亳州学院基础化学实验课程教学团队广泛征求济人医药集团、安徽协和成药业饮片有限公司、亳州市沪谯药业有限公司等行业企业专家意见,在近七年的教学实践中不断对其中内容进行研讨、修改,力求使内容更加适合专业培养目标及行业企业人才实践能力需求。

由于编者水平有限,编写时间仓促,书中难免存在不妥之处,敬请同行批评指正。

编者
2022 年 12 月

目　　录

第一部分　无机化学实验

第二部分　分析化学实验

第三部分　有机化学实验

第四部分　物理化学实验

实　验　规　范

（1）实验预习：在进行实验前必须认真进行预习。实验预习的要求包括：熟悉实验目的要求，掌握实验原理，掌握实验基本操作、方法和步骤，并写出实验预习报告。实验预习报告的内容应包括以下部分：① 实验目的；② 实验原理；③ 主要仪器、试剂及实验装置图；④ 实验操作步骤及实验流程图；⑤ 注意事项；⑥ 思考题。未写预习报告不得进行实验。

（2）带上预习报告及必备的实验教材、指导书、文具及计算工具，穿着统一的实验工作服，按时到指定实验室进行实验。

（3）认真听实验教师的讲解，回答教师的提问，记录实验注意事项，不懂的地方及时向实验指导教师请教。

（4）严格遵守实验室的各项规章制度，实验课期间不得随意离开实验室。

（5）实验过程中认真操作，严格遵守操作规程，仔细观察，如实记录实验现象和实验数据。

（6）实验过程中注意节约水、电、气、试剂和各种消耗品，爱护仪器设备和实验室的各种设施，如果损坏仪器设备，应及时向实验指导教师报告，并按有关规定办理相应手续。

（7）实验结束时对使用过的仪器设备填写使用记录，并认真填写实验数据记录本。及时整理、打扫实验室以保持实验室的清洁、卫生。

（8）实验数据记录本应交给实验指导教师审阅、签字，经实验指导教师同意后方可离开实验室。

（9）实验报告：应按实验数据记录本上记录的、自己在实验中测得的数据认真如实撰写，做到字迹工整、图表绘制清晰规范。实验报告的内容包括：① 实验目的；② 实验原理；③ 主要仪器试剂及实验装置图；④ 实验操作步骤及实验流程图；⑤ 注意事项；⑥ 思考题；⑦ 实验结果及结果讨论；⑧ 实验记录及心得体会。

实验安全须知

一、实验中的注意事项

（1）学生做实验不能迟到，实验中不得擅自脱离岗位，预习报告要提前写好。

（2）进入实验室，必须按规定穿实验服，长发必须扎起，勿穿拖鞋，禁止赤膊或穿背心、平脚裤等暴露皮肤的衣服进入实验室。

（3）学生要了解实验室的主要设备及布局、主要仪器设备，熟悉实验室水、电、气总开关的位置，了解消防器材及安全通道。

（4）做实验时不能玩手机，不能嬉闹、高声喧哗。不允许戴着耳机边听音乐边做实验，禁止在实验室吃东西、喝水、嚼口香糖，实验后必须洗手。

（5）严格遵守实验室规章制度和仪器设备操作规程，注意安全，爱护仪器设备，节约用水、用电和实验耗材，未经许可不得擅自动用与本实验无关的仪器设备及物品，不得将实验室任何物品带出室外，不得私自拆卸仪器。对违反实验室规章制度和操作规程而造成事故或损失者，责令其提交书面检查，按学校有关规定处理或赔偿损失。

（6）实验完毕后，应整理仪器，将所用仪器设备恢复原位，关闭水、电、气、门、窗。经指导老师检查仪器设备、工具、材料后方可离开。

二、一般实验室的急救方法

（1）起火：起火后，要立即灭火，同时应防止火势蔓延（如采取切断电源、移走易燃物品等措施），灭火的方法要适当。一般的小火可用湿布、石棉布或砂子覆盖燃烧物；火势大时可使用泡沫灭火器，但电器设备起火只能使用二氧化碳或四氯化碳灭火器，不能使用泡沫灭火器，以免触电。衣服着火时，切勿惊慌乱跑，而要赶快脱下衣服，或用石棉布覆盖着火处（就地卧倒也可起灭火作用）。伤势较重者急送医院就医。

（2）割伤：取出伤口中的玻璃或其他固体物，用蒸馏水清洗后涂上红药水并包扎;若出现大伤口则应先按紧主血管以防止大量出血,并急送医院就医。

(3)误吸入气体:重者急送医院治疗。现场急救方法:将误吸者移至空气新鲜处,解开衣服,使其身体平卧,进行人工呼吸。

(4)烫伤:轻伤涂以玉树油或鞣酸油膏,重伤涂以烫伤油膏后送医院就医。

现场急救非常重要,必须及时、有效。

第一部分

无机化学实验

实验一　无机化学实验基本知识与仪器认领、洗涤

一、教学目的

(1) 了解无机实验方面的安全知识。

(2) 了解实验室的有关规章制度。

(3) 领取无机化学实验常用仪器,熟知其名称、用途。

(4) 练习常用玻璃仪器的洗涤和干燥方法。

二、教学内容

(一) 无机化学实验基本知识

1. 无机化学实验的重要性、目的、学习方法

(1) 无机化学实验课的重要性、目的

化学是一门实验科学,化学中的定律和学说都来源于实验,同时又为实验所检验。最早的化学学科是无机化学,无机化学在整个化学发展过程中一直起着重要作用,近百年来又有着飞速发展,特别是 20 世纪 50 年代以来,开始了"无机化学复兴"的新时期。无机化学是化学相关专业学生所学的第一门专业基础课,要更好地领会和掌握无机化学的基本理论和基础知识,就必须认真进行实验。无机化学实验是化工与制药专业学生的第一门实验必修课,它是一门独立的课程。因此,无机化学实验在无机化学教学中占有极其重要的地位。

① 通过实验,可以获得大量物质变化的第一手的感性知识,进一步熟悉元素及其化合物的重要性质和反应,掌握重要无机化合物的一般分离和制备方法,有助于加深对课堂讲授的基本理论和基础知识的理解和掌握。

② 通过实验,学生亲自动手,实际训练各种操作,可以使学生正确地掌握无机化学实验的基本操作方法和技能技巧。

③ 通过实验,也可以培养学生独立工作和独立思考的能力;独立准备和进行实验的能力;细致地观察和记录现象,归纳、综合、正确处理数据的能力;分析实验

和用语言表达实验结果的能力以及一定的组织实验和研究实验的能力。

④ 通过实验,还可以培养学生实事求是的科学态度,准确、细致、整洁等良好的科学习惯以及科学的思维方法,从而使学生逐步掌握科学研究的方法。

无机化学实验的任务就是要通过整个无机化学实验教学,逐步达到上述各项目的,为学生进一步学习后续化学课程和实验,培养初步的科研能力打下基础。

(2) 无机化学实验课的学习方法

学生不仅要完成具体实验内容的教学任务,更要注重基本实验操作规范的训练;既要注重逻辑思维能力的启发与提高,又要加强对良好习惯、作风和科学方法的培养。学生要明确,无机化学实验是其他各门化学实验课的基础,要一丝不苟、不折不扣地完成每一个基本实验操作,即使是一个很小的操作也要按要求去做。坚持良好的实验习惯,以后在化工与制药领域有可能取得丰硕成果。要达到上述实验目的和教学要求,不仅要有正确的学习态度,还要有正确的学习方法。无机化学实验的学习大致可分为下列三个步骤:

① 实验前的预习

为了使实验能够获得良好的效果,实验前必须进行充分预习。

(i) 阅读实验教材、教科书和参考资料中的有关内容。

(ii) 明确实验的目的、实验用品、实验原理、实验仪器及其基本操作方法。

(iii) 熟悉实验的内容、步骤、操作过程和实验时应注意的事项,合理安排实验时间。

(iv) 在预习的基础上,写好预习报告,方能进行实验。若发现学生预习不够充分,教师可让学生停止实验,要求其在掌握了实验内容之后再进行实验。预习实验报告应该包括实验目的、简要的实验步骤与操作、需要记录的实验现象、记录测量数据的表格及定量实验的计算公式等。

② 实验中现象的观察与记录

根据实验教材上所规定的方法、步骤和试剂用量进行操作,并应该注意做到以下几点:

(i) 按拟定的实验步骤独立操作,既要大胆,又要细心,仔细观察实验现象,认真测定实验数据,并及时、如实、详细地做好实验记录。

(ii) 观察的现象、测定的数据,要清楚地记录在专用的预习报告上。不用铅笔记录,不记录在草稿纸或小纸片上。不凭主观意愿删去自己认为不对的数据,不杜撰原始数据。原始数据不得涂改或用橡皮擦拭,如有记错可在原始数据上画一道杠,再在旁边写上正确值。

(iii) 实验全过程中应勤于思考,仔细分析,力争自己解决问题。但遇到疑难问题而自己难以解决时,可查资料或提请教师指导。

(iv) 如果发现实验现象和理论不符合,应首先尊重实验事实,在认真分析和检查其原因的同时,可以做对照实验、空白实验或自行设计的实验来核对,必要时应多次实验,从中得到有益的结论和科学思维的方法。

（Ⅴ）在实验过程中应保持肃静,严格遵守实验室工作规则。

③ 实验后

做完实验仅仅是完成实验的一半,更为重要的一半是分析实验现象,整理实验数据,把直接得到的感性认识提高到理性思维阶段。要完成以下几点:

（ⅰ）认真、独立完成实验报告。对实验现象进行解释,写出反应式,得出结论,对实验数据进行处理（包括计算、作图、误差表示等）。

（ⅱ）分析产生误差的原因;对实验现象以及出现的一些问题进行讨论,敢于提出自己的见解;对实验提出改进意见或建议。

（ⅲ）回答问题。

（二）实验室的安全知识

1. 实验室规则

（1）实验前一定要做好预习和实验准备工作,检查实验所需的药品、仪器是否齐全。做规定以外的实验,应先得到教师的允许。

（2）实验时要集中精神,认真操作,仔细观察,积极思考,如实详细地做好实验记录。

（3）实验中必须保持肃静,不准大声喧哗,不得到处乱走,不准离开岗位。不得无故缺席,因故缺席而未做的实验应该补做。严禁在实验室吸烟和进食,或把食具带进实验室。

（4）爱护国家财物,规范使用仪器和实验室设备,节约水、电和消耗性药品。每人应取用自己的仪器,不得动用他人的仪器;公用仪器和临时供用的仪器用毕应洗净,并立即送回原处。如有损坏,必须及时登记补领,具体情况按化学实验室学生仪器赔偿制度赔偿。不能将仪器、药品带出实验室。

（5）实验台上的仪器应整齐地放在一定的位置上,并保持台面的清洁。废纸、火柴梗和碎玻璃应倒入垃圾箱内,酸、碱性废液应倒入废液缸内,切勿倒入水槽,以防堵塞或锈蚀下水管道。

（6）按规定的用量取用药品,注意节约,不得浪费。称取药品后,应及时盖好原瓶盖,放在指定地方的药品不得擅自拿走。

（7）用精密仪器时,必须严格按照操作规程进行操作,细心谨慎,避免粗枝大叶而损坏仪器。如发现仪器有故障,应立即停止使用,报告教师,及时排除故障。

（8）使用后,应将所用仪器洗净并放回实验柜内,摆放整齐。实验台和试剂架必须擦净,实验柜内仪器应存放有序,清洁整齐。

（9）每次实验后由学生轮流值日,负责打扫和整理实验室,最后检查水、电,关好门、窗,以保持实验室的整洁和安全。

（10）新生实验前必须认真学习实验室安全知识及有关规章制度,熟悉实验室火灾、爆炸、中毒和触电事故的预防和急救措施。如果发生意外事故,应保持镇静,不要惊慌失措。遇有烧伤、烫伤、割伤时应立即报告教师,及时进行急救和送医治疗。

2. 实验室安全守则

(1) 不要用湿的手、物接触电源。水、煤气、电一经使用完毕,应立即关闭水龙头、煤气开关、拉掉电闸。点燃的火柴用后应立即熄灭,不得乱扔。

(2) 绝对不允许随意混合各种化学药品,以免发生意外事故。

(3) 金属钾、钠和白磷(黄磷)等暴露在空气中易燃烧,所以金属钾、钠应保存在煤油中,白磷则可保存在水中,取用它们时要用镊子。一些有机溶剂(如乙醚、乙醇、丙酮、苯等)极易引燃,使用时必须远离明火、热源,用毕应立即盖紧瓶塞。

(4) 含氧气的氢气遇火易爆炸,操作时必须严禁接近明火。在点燃前,必须先检查并确保纯度。银氨溶液不能留存,因久置后会变成氮化银,易爆炸。某些强氧化剂(如氯酸钾、硝酸钾、高锰酸钾等)或其混合物不能研磨,否则将引起爆炸。

(5) 应配备必要的护目镜。倾注药剂或加热液体时,容易溅出,不要俯视容器。尤其是浓酸、浓碱具有强的腐蚀性,切勿使其溅在皮肤或衣服上,眼睛更应该注意防护。稀释它们(特别是浓硫酸)时,应将其慢慢倒入水中,而不能相反进行,以避免迸溅。给试管加热时,切记不要将试管口朝向自己或别人。

(6) 不要俯向容器去嗅放出的气味。正确的方法是面部远离容器,用手把逸出的气流慢慢地煽向自己的鼻孔。能产生有刺激性或有毒气体(如硫化氢、氟化氢、氯气、一氧化碳、二氧化氮、二氧化硫、溴蒸气等)的实验必须在通风橱内进行。

(7) 有毒药品(如重铬酸钾、钡盐、铅盐、砷的化合物、汞的化合物,特别是氰化物)不得进入口内或接触伤口。剩余的废液也不能随便倒入下水道,应倒入废液缸或教师指定的容器里。

(8) 金属汞易挥发,并通过呼吸道而进入人体内,逐渐积累会引起慢性中毒。所以做金属汞的实验应特别小心,不得把金属汞洒落在实验台上或地上。一旦洒落,必须尽可能收集起来,并用硫黄粉盖在洒落的地方,使金属汞转变成不挥发的硫化汞(如果水银温度计不慎打破,亦用同样的方法处理)。

(9) 实验室所有的药品不得带出室外,用剩的药品应放在指定的位置。

注　为了防止易挥发试剂造成的毒害,禁止将此类试剂放在实验台的试剂架上,必须放在通风橱中。如浓盐酸、浓硝酸、浓氨水、甲酸、冰醋酸、氯水、次氯酸钠、溴水、碘水、硫代乙酰胺、二硫化碳、金属汞、三氯化磷、多硫化钠、多硫化铵等,取用时不得拿出通风橱。

3. 人身安全及事故处理

进行化学实验时,要严格遵守有关水、电、煤气和各种仪器、药品的使用规定。化学药品多为易燃、易爆、有腐蚀和有毒的。因此,重视安全操作,熟悉一般的安全知识是非常必要的。

首先,注意安全不仅是个人的事情。发生了事故不仅损害个人的健康,还会危及周围的同学,并使国家的财产受到损失,影响工作的正常进行。因此,首先需要从思想上重视实验室安全工作,决不可麻痹大意。其次,在实验前应了解仪器的性能和药品的性质以及本实验中的安全事项。在实验过程中,应集中注意力,并严格遵守实验室安全守则,以防意外事故的发生。再次,要学会一般的救护措施,一旦发生意外事故,可进行及时处理。最后,对于实验室的废液,也要知道一些处理的方法,以保持实验室和环境不受污染。实验室事故处理方法如下:

(1) 创伤:伤处不能用手抚摸,也不能用水洗涤。若是玻璃造成的创伤,应先把碎玻璃从伤处挑出。轻伤可涂以紫药水,必要时用创可贴或绷带包扎。

(2) 烫伤:不要用冷水洗涤伤处。伤处皮肤未破时,可涂擦饱和碳酸氢钠溶液或用碳酸氢钠粉调成糊状敷于伤处,也可抹獾油或烫伤膏;如果伤处皮肤已破,可涂些紫药水或1%高锰酸钾溶液。

(3) 受酸腐蚀致伤:先用大量水冲洗,再用饱和碳酸氢钠溶液(或稀氨水、肥皂水)洗,最后再用水冲洗。如果酸液溅入眼内,用大量水冲洗后,送校医院诊治。

(4) 受碱腐蚀致伤:先用大量水冲洗,再用2%醋酸溶液或饱和硼酸溶液洗,最后用水冲洗。如果碱液溅入眼中,用硼酸溶液洗。

(5) 吸入刺激性或有毒气体:不慎吸入氯气、氯化氢气体后,可吸入少量酒精和乙醚的混合蒸气使之解毒。吸入硫化氢或一氧化碳气体而感到不适时,应立即到室外呼吸新鲜空气。但应注意氯气、溴中毒不可进行人工呼吸,一氧化碳中毒不可施用兴奋剂。

(6) 大多数化学药品都有不同程度的毒性,原则上应防止任何化学药品以任何方式进入人体。有毒化学药品进入人体,可能通过三种途径即呼吸道吸入、消化道侵入和皮肤黏膜吸收等。有毒气体或尘埃可经呼吸道由肺部进入人体。沾染毒物的手指,在进食时可能将毒物带进消化道。有外伤的皮肤,易使毒物进入人体。因此,防毒的要点是实验室应经常通风,不使室内积聚有毒气体或尘埃;禁止在实验室进食、吸烟,离开实验室时应仔细洗手;尽量防止皮肤和药物直接接触,受损的皮肤要及时进行包扎。

(7) 触电:首先切断电源,然后在必要时进行人工呼吸。

(8) 对不能及时处理的意外事故或伤势较重者,应立即采取措施并送医院救治。

4. 实验室废液处理

实验中经常会产生某些有毒的气体、液体和固体,都需要及时排弃。特别是某些剧毒物质,如果直接排出就可能污染周围空气和水源,损害人体健康。因此对废液和废气、废渣要经过一定的处理,才能排弃。

产生少量有毒气体的实验应在通风橱内进行。通过排风设备将少量毒气排到室外(使排出气在室外大量空气中稀释),以免污染室内空气。产生毒气量大的实验则必须备有吸收或处理装置。如二氧化氮、二氧化硫、氯气、硫化氢、氟化氢等可用导管通入碱液中使其大部分吸收后排出,一氧化碳可点燃生成二氧化碳等。少量有毒的废渣常埋于地下(应有固定地点)。常见废液的处理方法如下:

(1) 无机实验中大量的废液常常是废酸液。废酸缸中的废酸可先用耐酸塑料网纱或玻璃纤维过滤,滤液加碱中和,调 pH 至 6~8 后就可排出,少量滤渣可埋于地下。

(2) 无机实验中含铬废液大多是废铬酸洗液。这可以用高锰酸钾氧化法使其再生,继续使用。少量的废液可加入废碱液或石灰使其生成 $Cr(OH)_3$ 沉淀,将此废渣埋于地下。氧化再生方法:先在 383~403 K 下不断搅拌加热浓缩,除去水分后,冷却至室温,缓缓加入高锰酸钾粉末,每 1000 mL 加入 10 g 左右,直至溶液呈深褐色或浅紫色。边加边搅拌直至全部加完,然后直接用火加热至有 SO_3 出现,停止加热。稍冷,通过玻璃砂芯漏斗过滤,除去沉淀;冷却后析出红色 CrO_3 沉淀,再加适量硫酸使其溶解即可使用。

(3) 氰化物是剧毒物质,含氰废液必须认真处理。少量的含氰废液可先加入 NaOH 调至 pH $>$10,再加几克高锰酸钾使 CN^- 氧化分解。大量的含氰废液可用碱性氯化法处理,先用碱调至 pH$>$10,再加入次氯酸钠,使 CN^- 氧化成氰酸盐,并进一步分解为 CO_2 和 N_2。

(4) 含汞盐废液应先调 pH 至 8~10 后,加入适当过量的 Na_2S,使生成 HgS 沉淀,并加入 $FeSO_4$,生成 FeS 沉淀,从而吸附 HgS 共沉淀下来。静置后分离,再离心,过滤;清液含汞量可降到 0.02 mg · L^{-1}以下排放。少量残渣可埋于地下,大量残渣可用焙烧法回收汞,注意一定要在通风橱内进行。

(5) 含重金属离子的废液,最有效和最经济的方法是加碱或硫化钠,把重金属离子变成难溶性的氢氧化物或硫化物沉淀下来,从而过滤分离,少量残渣可埋于地下。

5.消防知识

(1) 灭火的基本方法

消防是"以防为主,以消为辅"的,两者相辅相成不可偏废。为此,我们必须了解燃烧的基本原理,才能有效地防火和正确地进行灭火。燃烧必须同时具备可燃物质、助燃物质和火源才能发生,缺少其中任何一个条件,燃烧都不能发生。有时在一定的范围内,虽三个条件具备,但由于它们之间没有相互结合,相互作用,燃烧现象也不会发生。只有弄清燃烧的三个条件,熟悉灭火的原理,才能有助于预防火灾和扑灭火灾。一切防火的措施都是为了防止燃烧的条件的相互结合和相互作用,也就是为了破坏已产生的燃烧的条件。根据燃烧的条件,灭火的基本方法有:

① 冷却法

就是将灭火剂直接喷射到燃烧物质上,降低燃烧物质的温度于燃点之下使燃烧停止;或者将水浇在火源附近的物体上,夺取燃烧物质的热能,使其不受火焰辐射的威胁而形成新的火点。冷却法是灭火的主要方法。

② 隔离法

就是将火源处或其周围的可燃物质隔离,或转移到离火源较远的地方,燃烧因缺少可燃物而停止,不使火灾蔓延。

可采用以下方法:

迅速移开燃烧物体,使其不与其他易燃、可燃物质接触。

搬走火源附近的可燃、易燃、易爆和助燃物品。

拆除与火源及燃烧区域毗连的易燃设备,切断火势蔓延的路线。

关闭可燃气体、液体管道的阀门,减少和阻止可燃物进入燃烧区。

用强大水流截阻火势。

③ 窒息法

阻止空气流入燃烧区域或用不燃物质冲淡空气,燃烧物得不到足够的氧气而熄灭。如用不燃或难燃物覆盖在燃烧物上,封闭起火设备的孔洞等。

④ 抑制法

也叫化学中断法,是一种新型的灭火方法。它的主要灭火原理是:把灭火剂参与到燃烧反应的过程中去,燃烧过程中产生的游离基消失,而形成稳定分子或低活性的游离基,使燃烧反应中止。有关这种化学中断法的机理,目前还在进一步研究中。

(2) 灭火器的类型及使用

扑救一般火灾,要先弄清起火的原因,才能选择合适的扑救措施。否则就会火上浇油,酿成更大的事故。实验室中一般常备有灭火器材。如果是电源引起的火灾须先切断电源,再用砂土、湿抹布或灭火器材扑救。如果是金属钾、钠、镁等起火,绝不能用水或与之起化学反应的灭火剂(如二氧化碳灭火剂)扑救。

① 泡沫灭火器

大多使用的是 10 L 标准型的,是一个内装碳酸氢钠与发沫剂的混合溶液,并另有一玻璃瓶胆(或塑料胆)内装硫酸铝水溶液的铁制容器。使用时将桶身颠倒过来,两种溶液混合发生反应,产生含有二氧化碳气体的浓泡沫,体积膨胀 7~10 倍,一般能喷射 10 m 左右。泡沫的密度一般在 $0.1 \sim 0.2 \, \text{g} \cdot \text{mL}^{-1}$,由于泡沫的密度小,所以能覆盖在易燃液体的表面上,一方面夺取了液面的温度(吸热),使液体表面降温,液体蒸发速度降低;另一方面液体完全被泡沫覆盖以后,形成一个隔绝层,隔断氧气与液面的接触,火就扑灭了。由此可见,泡沫灭火器对于扑灭油类火灾是比较好的。

② 二氧化碳灭火器

二氧化碳是一种惰性气体,298 K 时密度为 $1.80 \, \text{g} \cdot \text{L}^{-1}$,较空气重,以液态灌入钢瓶内。液态的二氧化碳从灭火器口喷出后,迅速蒸发,变成固体雪花状的二氧化碳,又称干冰,其温度为 195 K,当二氧化碳喷射到燃烧物体上,受热迅速变成气体,其浓度达到30%～35%时,物质燃烧就会停止。所以二氧化碳灭火器的使用是为了冷却燃烧物和冲淡燃烧区空气中氧的含量,使燃烧停止。

③ 干粉灭火器

干粉灭火器是一种效能好的灭火器。它是一种细微的粉末与二氧化碳的联合装置,靠二氧化碳气体作动力,将粉末喷出而扑灭火灾。干粉(主要含碳酸氢钠等物质)是一种轻而细的粉末,所以能覆盖在燃烧物体上,使之与空气隔绝而灭火。这种灭火剂有毒、无腐蚀,适用于扑救易燃液体、档案资料和珍贵仪器的火灾,灭火效果较好。干粉不导电,也可扑灭带电设备的火灾。使用时一手握住喷嘴胶管,另一手握住提把,拉起提环,粉雾即可喷出,覆盖燃烧面,达到灭火的目的。干粉灭火器应放置在干燥通风的地方,防止受潮和日光曝晒。

(三)仪器的认领和玻璃器皿的洗涤、干燥

1. 仪器的认领和玻璃器皿的洗涤

(1) 仪器的认领

按仪器清单认领仪器。常见的实验仪器如图1.1所示。

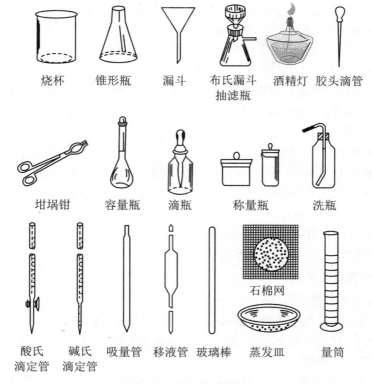

烧杯　锥形瓶　漏斗　布氏漏斗　酒精灯　胶头滴管
　　　　　　　　　抽滤瓶

坩埚钳　容量瓶　滴瓶　称量瓶　洗瓶

石棉网

酸氏　碱氏　吸量管　移液管　玻璃棒　蒸发皿　量筒
滴定管　滴定管

图1.1　常见实验仪器

（2）仪器洗涤

为了使实验得到正确的结果，实验所用的玻璃仪器必须是洁净的，有些实验还要求是干燥的，所以需对玻璃仪器进行洗涤和干燥。要根据实验要求、污物性质和玷污的程度选用适宜的洗涤方法。玻璃仪器的一般洗涤方法有冲洗、刷洗及药剂洗涤等。对一般黏附的灰尘及可溶性污物可用水冲洗除去。洗涤时先往容器内注入约 1/3 容积的水，稍用力振荡后把水倒掉，如此反复冲洗数次。

当容器内壁附有不易冲洗掉的污物时，可用毛刷刷洗，通过毛刷对器壁的摩擦去掉污物。刷洗时需要选用合适的毛刷。毛刷可按所洗涤的仪器的类型、规格（口径）大小来选择。洗涤试管和烧瓶时，不可使用端头无直立竖毛的秃头毛刷（原因：底端清洗不到）。刷洗后，再用水连续振荡数次。冲洗或刷洗后，必要时还应用蒸馏水淋洗三次。对于以上两法都洗不去的污物则需要用洗涤剂或药剂来洗涤。对油污或一些有机污物等，可用毛刷蘸取肥皂液、合成洗涤剂或去污粉来刷洗。对更难洗去的污物或仪器口径较小、管细长不便刷洗的仪器可用铬酸洗液洗涤，也可针对污物的化学性质选用其他适当的药剂洗涤（例如碱、碱性氧化物、碳酸盐等可用 6 mol·L^{-1} HCl 溶解）。用铬酸洗液或王水洗涤时，先往仪器内注入少量洗液，使仪器倾斜并慢慢转动，让仪器内壁全部被洗液湿润。再转入仪器，使洗液在内壁流动，经流动几圈后，把洗液倒回原瓶（不可倒入水池或废液桶，铬酸洗液变暗绿色失效后可另外回收再生使用）。对玷污严重的仪器可用洗液浸泡一段时间，或者用热洗液洗涤。

（3）洗净标准

仪器是否洗净可通过器壁是否挂水珠来检查。将洗涤后的仪器倒置，如果器壁透明，不挂水珠，则说明已洗净；如器壁有不透明处或附着水珠，或有油斑，则未洗净，应予重洗。

注意事项：

① 仪器壁上只留下一层既薄又均匀的水膜，不挂水珠，表示仪器已洗净。

② 已洗净的仪器不能用布或纸抹。

③ 不要未倒废液就注水。

④ 不要几只试管一起刷洗。

⑤ 用水原则是少量多次。

2. 玻璃仪器的干燥

玻璃仪器通常使用以下方式干燥：

晾干：是让残留在仪器内壁的水分自然挥发而使仪器干燥。

烘箱烘干：仪器口朝下，在烘箱的最下层放一陶瓷盘，接住从仪器上滴下来的水，以免水损坏电热丝。

烤干：烧杯、蒸发皿等可放在石棉网上，用小火烤干，试管可用试管夹夹住，在火焰上来回移动，直至烤干，但管口须低于管底。

气流烘干:试管、量筒等适合在气流烘干器上烘干。

吹干:用吹风机(热风或者冷风)直接吹干。

注　带有刻度的计量仪器不能用加热的方法进行干燥。

三、思考题

(1) 烤干试管时为什么管口略向下倾斜?

(2) 什么样的玻璃仪器不能用加热的方法进行干燥,为什么?

实验二　电子天平的称量和使用

一、实验目的

(1) 学习电子天平的基本操作和常用称量方法。
(2) 熟练掌握称量方法,在时限内称出目标质量。
(3) 培养准确、整齐、简明地在报告上记录原始数据的习惯。

二、实验原理

分析天平是分析化学实验中最重要、最常用的仪器之一。天平的分类有普通托盘天平、半自动电光天平、电子天平。常用的分析天平有电光天平和电子天平等。

电子天平是最新一代的天平,是根据电磁力平衡原理,直接称量,全量程不需砝码,放上被称量物后,在几秒内即达到平衡,显示读数,称量速度快、精度高。电子天平具有自动校正、自动去皮、超载指示、事故报警等功能以及具有质量电信号输出功能,可与打印机、计算机联用,进一步扩展功能。虽然电子天平的价格高,但其越来越广泛地取代机械天平应用在各个领域。其最大称量精度与前述电光天平相同,为 ± 0.0001 g,实用性很强。

1. 电子天平的使用规则和维护

(1) 天平室不受阳光直射,保持干燥,不受腐蚀性气体的侵蚀。
(2) 天平台应坚固而不受振动。
(3) 天平内应保持清洁,并定期放置和更换干燥剂(变色硅胶)。
(4) 称量前,应检查天平是否正常,是否处在水平位置。
(5) 不要随意移动天平的位置。
(6) 应从左右两门取放砝码和称量物。称量物和砝码必须放在盘中央。决不允许超过天平的量程。
(7) 天平不能称量热的物体。因为称盘附近空气受热膨胀,使称量产生误差。
(8) 称湿的和腐蚀性样品时应放在密闭容器内。称量时要把门关严。

（9）为了减少称量误差，在做同一组实验时，所有称量要使用同一台天平。

（10）校准砝码只能用镊子夹取，绝不允许用手去拿；不允许放在桌上或记录本上。

2. 称量方法

（1）直接称量法：用于称量某一物体的质量，例如小烧杯、容量瓶、坩埚等。

（2）固定质量称量法：用于称量某一固定质量的试剂（如基准物质）或试样。特点：称量速度慢；试样不易吸潮、在空气中稳定；适合称量粉末或小颗粒样品。

（3）递减称量法：用于称量一定质量范围的样品或试剂。因称取试样的质量是由两次称量之差求得，又称差减法。

三、仪器与试剂

仪器：称量瓶，电子天平，药匙，100 mL 烧杯（接收器），一次性手套，称量纸，干燥器。

试剂：NaCl 固体粉末。

四、实验步骤

（1）称量前取下电子天平的防尘布罩，叠好后放在电子天平右后方的台面上。

（2）查看水平仪：若不水平，需调整水平调节螺丝，直到气泡位于水平仪上圆圈的中央。

（3）连接电源，开机。

（4）天平自检：显示"OFF"时，自检结束。

（5）预热：电子天平初次连接到交流电源后，或者在断电相当长时间以后，必须使天平预热最少 30 min（60 min）。只有经过充分预热以后，天平才能达到所需的工作温度。

（6）调整（校准）：为了获得准确的称量结果，必须进行校准以适应当地的重力加速度 g。放上校准砝码（称盘中央），天平进行校准，显示屏上为"200.0000 g"时，移去砝码，显示屏再次出现"0.0000 g"，校准结束。天平自动回到称量状态。

以下情况校准是必要的：

① 首次使用天平称量之前；

② 称量工作中定期进行；

③ 改变放置位置后。

（7）称量。

① 简单称量（直接法）：要求准确称量 0.4950～0.5050 g NaCl 试样至干净的

烧杯中。

（ⅰ）开机等待，直到稳定状态。

（ⅱ）将空容器（或称量纸）放到天平上，显示该重量，后点击"去皮"键，启动天平的去皮功能。

（ⅲ）用药匙将样品放入天平上的容器（或称量纸）里进行称量，显示净重。

注　如果将容器从天平上拿走，则皮重以负值显示。皮重一直保留到再次按去皮键或天平关机为止。

② 减量法称量：要求从称量瓶中准确称量出 $0.4950\sim0.5050$ g NaCl 试样至干净的烧杯中，每人称量至少 3 组数据，可根据自己需要增加称量次数。

（ⅰ）取干燥、洁净的空烧杯，备用。

（ⅱ）用叠好的纸条（或戴手套）从干燥器中取带盖已装样品的称量瓶，放进天平中，记录此时称量瓶＋样品重量（初始重量 m_1）。

（ⅲ）用纸片（或戴手套）打开称量瓶盖子，用其瓶盖轻轻地敲打瓶口上方，使样品落到一个干净的容器中，不能洒出容器外部。在接近所需量时，边敲瓶口边将瓶身竖直，使粘在瓶口的试样落下，再盖好瓶盖。

（ⅳ）把称量瓶再次放回天平中称量，显示的数值 m_2，若此时 m_1-m_2 在需要试样重量范围，即可记录 m_2。

注　若小于需要试样的重量，可再次倾倒，m_2 此时不能记录，直到范围之内才可记录 m_2；若超出所需要试样重量范围，记录 m_2，需要重新称量。

（ⅴ）在实验报告本的表格中，写出样品重量。

（8）取下称量物和容器。

（9）关机。

按下关机键直到显示屏出现"OFF"字样，即可。

（10）检查天平。

检查天平上下是否清洁，若有污物，用毛刷清扫干净。填写天平使用登记簿后方可离开天平室。

五、注意事项

（1）开、关天平，放、取被称物，开、关侧门，动作都要轻缓，不可用力过猛过快造成天平部件脱位或损坏。

（2）调零、读数要关门。

（3）被称物应在室温，不在室温的（过冷或过热）在干燥器内放至室温。

（4）严禁超重。

（5）保持天平、天平台、天平室的安全、整洁和干燥。

（6）如发现天平不正常，应及时报告老师或工作人员，不要自行处理。

六、思考题

（1）用分析天平称量的方法有哪几种？各有何优缺点，何时选用？

（2）使用称量瓶时，如何操作才能保证样品不损失？

七、实验结果与讨论

（一）实验结果

1. 直接称量法

将使用直接称量法称量的结果填入表 2.1。

表 2.1

质量	1	2	3	⋯
NaCl				

2. 递减称量法

将使用递减称量法称量的结果填入表 2.2。

表 2.2

质量	1	2	3	⋯
称量瓶＋样品（初始重量）				
称量瓶＋样品（最终重量）				
样品重量				

（二）讨论

对实验结果进行讨论：

八、实验记录

实验三 溶液的配制及玻璃量器的 容量校准

一、实验目的

(1) 练习天平、量筒、移液管、容量瓶的使用。
(2) 掌握常见溶液配制的方法及定量转移溶液。
(3) 掌握玻璃量器容量校准方法。

二、实验原理

溶液的配制是药学相关专业工作的基本内容之一。

在配制溶液时，首先应该根据所提供的药品计算出溶质及溶剂的用量，然后按照配制的要求决定采用的仪器。在计算固体物质用量时，如果物质含结晶水，则应该将其计算在内。稀释浓溶液时，计算需要掌握的一个原则是：稀释前后溶质的量不变。如果对溶液的浓度准确度要求不高，可采用台秤、量筒等仪器进行配制；若要求溶液的浓度比较准确，则应采用分析天平、移液管、容量瓶等仪器。

(一) 配制溶液的一般操作程序

1. 称量/量取

用天平称取固体试剂，用量筒或移液管量取液体试剂。

2. 溶解/稀释

凡是易溶于水且不易水解的固体均可用适量的水在烧杯中溶解（必要时可加热）；易水解的固体试剂（如 $SnCl_2$、Na_2S），必须先以少量浓酸或浓碱使之溶解，然后加水稀释至所需浓度。

3. 定量转移

用移液管将溶液转移置锥形瓶中，应注意用少量的待取液润洗移液管 2～3 次。

有些物质易发生氧化还原反应或见光受热易分解，在配制和保存这类溶液时必须采用正确的方法。

（二）实验室用水及注意事项

实验室常用的纯水有蒸馏水、去离子水、电渗水、二次蒸馏水等，因制备方法和工艺不同，其纯度也不同。我国把化学实验用水规格一般分为三级（参见国家标准 GB 6682—86 和 GB 6682—92），如表 3.1 所示。

表 3.1

指标名称	一级	二级	三级
pH 值范围（25 ℃）	—	—	5.0～7.5
电导率（25 ℃）/mS·m^{-1}（≤）	0.01	0.10	0.50
可氧化物质（以 O 计）/mg·L^{-1}（≤）	—	0.08	0.4
蒸发残渣（105±2 ℃）/mg·L^{-1}（≤）	—	1.0	2.0
吸光度（254 nm,1 cm 光程）（≤）	0.001	0.01	—
可溶性硅（以 SiO$_2$ 计）/mg·L^{-1}（≤）	0.01	0.02	—

注　对于一级、二级纯度的水，难以测定真实的 pH 值，因此对其 pH 值的范围不作规定；对于一级水，难以测定其可氧化物质和蒸发残渣，故也不作规定。

（1）纯水的储存应视水的等级选用不同的储存方法，如表 3.2 所示。

表 3.2

级别	储存方法
一级水	现制现用，不可储存
二级水	密闭专用乙烯容器
三级水	密闭的聚乙烯或玻璃瓶内

（2）仪器洗涤时应先用自来水冲洗，再根据实验要求选用不同等级的纯水少量多次润洗，注意节约用水。

（3）针对实验性质与精度，合理选用纯水。一般性质实验、制备实验、常量分析实验、反应液配制可选用三级纯水。仪器分析、高纯反应可选用二级纯水或一级纯水。

（三）基本操作

1. 量筒

（1）作用

粗略取液。

（2）使用方法

手持量筒，自然下垂，平视刻线，倾倒溶液。

（3）注意事项

① 使用前选择合适的量程。

② 读数时视线与弯月面相切。

③ "三不"：不取热溶液，不长期存放溶液，不作为反应容器。

2．容量瓶

（1）作用

精确配制一定体积、一定浓度的溶液。

（2）使用方法

先查漏，水洗洁；质精称，杯溶解；棒转移，洗棒杯；初混匀，线相切；盖紧塞，倒转贴。

（3）注意事项

① 瓶、塞配套，用线相连。

② 不能加热或盛热的液体。

③ 不长期存放溶液。

④ 不能把溶液倒洒。

⑤ 加水不能超过刻线。

⑥ 溶解固体时不能用水太多。

3．移液管（只有一条刻线）、吸量管（具有分刻度）

（1）作用

精确取液。

（2）使用方法

① 洗：自来水→蒸馏水→溶液。（各三遍）

② 取：确定手位，慢慢吸入，超过刻线。

③ 定：略松食指，轻转管身，液线相切。

④ 移：插入容器，末端贴壁，管直器斜，自然流入，有吹则吹，无吹不吹。

（3）注意事项

① 挤压吸耳球后，再放到管口上。

② 下端插入液面时，不要太深或太浅。

③ 慢慢松吸耳球。

④ 轻拿轻放，用毕洗净、放好。

4．玻璃量器容量校准

欲使分析结果准确，所用量具必须有足够的准确度，但有些容量器皿达不到要求，故需校准。

校准的方法通常是称量容器中容纳或放出的纯水质量，用一已经校准过的容器间接地校准另一容器，或由公式直接计算出它的容积（V_t）：

$$V_t = \frac{m_t}{\rho_t}$$

式中，V_t 为容器在 t ℃时的容积；m_t 为容器中容纳或放出的纯水在大气中、温度为 t 时，以砝码称量所得的质量；ρ_t 为考虑了进行校准时的温度、空气浮力影响后，水在不同温度 t 时的密度，见表 3.3。

表 3.3   20 ℃时体积为 1 L 的水在不同温度时的质量

t/℃	m/g	t/℃	m/g	t/℃	m/g	t/℃	m/g
10	998.39	16	997.8	22	996.81	28	995.44
11	998.32	17	997.66	23	996.6	29	995.18
12	998.23	18	997.51	24	996.39	30	994.92
13	998.14	19	997.35	25	996.17	31	994.64
14	998.04	20	997.18	26	995.94	32	994.34
15	997.93	21	997	27	995.69	33	994.06

校准后的体积是指该容器在 20 ℃时的体积。

三、仪器与试剂

仪器：50 mL 量筒，100 mL、250 mL 烧杯，25 mL 移液管，100 mL、250 mL 容量瓶，玻璃棒，胶头滴管，洗瓶，天平，温度计，50 mL 酸式滴定管。

试剂及其他：氯化钠（NaCl）、蒸馏水。

四、实验步骤

1. 由固体试剂配制溶液（生理盐水的配制）

（1）计算

计算配制 250 mL 生理盐水所需氯化钠的质量。

（2）称量

于 100 mL 烧杯中，精确称量上述氯化钠的质量。

（3）溶解

在上述装有氯化钠的烧杯中加入适量蒸馏水，搅拌溶解氯化钠。

（4）移液

将上述氯化钠溶液用玻璃棒引流，移至 250 mL 容量瓶中。

（5）洗涤

用少量蒸馏水洗涤烧杯和玻璃棒 2～3 次，并将洗涤液移至容量瓶中。

（6）定容

向容量瓶内滴加蒸馏水至刻度线,摇匀。

2. 定量转移溶液

（1）洗涤

取 25 mL 移液管,先用蒸馏水润洗 2～3 次,再用少量生理盐水润洗 2～3 次。

（2）转移

用移液管取上述生理盐水 25 mL,并移至锥形瓶中,平行 3 次移取。

3. 玻璃量器容量校准

（1）移液管的校准

可事先用烧杯盛装蒸馏水,放在天平室内,杯中插有温度计,用以测定水温。

将欲校准的 25 mL 移液管洗净,吸取与室温达平衡的蒸馏水,向干燥烧杯中放出水,进行称量,计算其真正容积,平行做三次。

（2）容量瓶的校准

用上述已校准的移液管进行间接校准。由移液管移取 25 mL 水至洗净且干燥的 250 mL 容量瓶中,注入 10 次后,仔细观察瓶中弯液面是否与标线相切,否则另作一新的标线。由移液管的真正容积可知容量瓶的容积(至新标线)。经相对校准后的移液管和容量瓶应配套使用。

（3）滴定管的校准

将欲校准的滴定管洗净,加入与室温达平衡的蒸馏水(可事先用烧杯盛装,放在天平室内,杯中插有温度计,用以测定水温)至"0"刻线,记录水温(单位:℃)及滴定管中弯液面的起始读数。

称量 100 mL 烧杯(烧杯外部应保持洁净和干燥)的质量,再以正确操作由滴定管中放出 15.0 mL 水于上述烧杯中(勿将水滴在瓶口上),称量。两次称量值之差,即为滴定管中放出水的质量。

用同样的方法分别测取滴定管"0"刻线依次放出 20.0 mL,25.0 mL,30.0 mL,35.0 mL,40.0 mL 五个刻度间水的质量,由表 3.3 查得校准实验温度下水的密度,计算所测滴定管各段真正容积,再按表计算列出滴定管不同刻度区间的校准数据。

每段重复测定一次,两次校正值之差不得超过 0.02 mL,取其平均值作为测定结果。将所得结果绘制成以滴定管读数为横坐标、以校准值为纵坐标的校正曲线。

五、注意事项

（1）用蒸馏水洗涤烧杯时,应少量多次洗涤,以确保溶质被全部洗入容量瓶。

（2）禁用容量瓶溶解样品。

（3）禁止直接往容量瓶内倒溶液。

（4）加水勿超过刻度线，读数时不宜仰视或俯视。

（5）标准溶液不应储藏在容量瓶内。

六、思考题

（1）用蒸馏水洗涤移液管后，在使用前为什么还要用待吸取的溶液洗涤？

（2）用浓硫酸配制稀硫酸时，该如何操作？

七、实验结果与讨论

（一）实验结果

1. 移液管校准表

根据实验填写表 3.4。

校准温度下水的密度：_____ $g \cdot L^{-1}$。

表 3.4

序号	$m_瓶$	$m_{瓶+水}$	$m_水$	$V = m/\rho$
1				
2				
3				

2. 滴定管校准表

根据实验填写表 3.5。

校准温度下水的密度：_____ $g \cdot L^{-1}$。

表 3.5

序号	滴定管放出水的间隔读数/mL			放出水的质量/g			真正容积/mL	校正值/mL
	$V_起始$	$V_放水后$	$V = V_{放水后} - V_{起始}$	$m_瓶$	$m_{瓶+水}$	$m_水$	$V_{20} = m_水/\rho_t$	$V_{20} - V$
1								
2								
3								
4								
5								

（二）讨论

对实验结果进行讨论：

八、实验记录

实验四　硫酸亚铁铵的制备

一、实验目的

(1) 学会利用溶解度的差异制备硫酸亚铁铵。
(2) 从实验中掌握硫酸亚铁、硫酸亚铁铵复盐的性质。
(3) 掌握水浴、过滤等基本操作。
(4) 学习 pH 试纸、吸管的使用。

二、实验原理

铁屑溶于稀硫酸生成硫酸亚铁。反应的化学式如下：

$$Fe + H_2SO_4 = FeSO_4 + H_2 \uparrow$$

若在硫酸亚铁溶液中加入等物质的量的硫酸铵作用，能生成溶解度较硫酸亚铁小的硫酸亚铁铵（复盐比单盐的溶解度小），此溶液经蒸发浓缩、冷却后，复盐在水溶液中首先结晶，因此可制取浅绿色硫酸亚铁铵（$(NH_4)_2SO_4 \cdot FeSO_4 \cdot 6H_2O$）晶体。反应式如下：

$$FeSO_4 + (NH_4)_2SO_4 + 6H_2O = (NH_4)_2SO_4 \cdot FeSO_4 \cdot 6H_2O$$
$$4FeSO_4 + O_2 + 2H_2O = 4Fe(OH)SO_4$$

（酸度不够时，副反应生成，产生碱式硫酸铁）

硫酸铵/硫酸亚铁/硫酸亚铁铵在不同温度的溶解度数据如表 4.1 所示。

表 4.1　硫酸铵/硫酸亚铁/硫酸亚铁铵在不同温度的溶解度（单位：g/100 g H₂O）

温度/℃	0	20	40	50	60	70	80	100
硫酸铵	70.6	75.4	81.0	—	88.0	—	95	103
七水硫酸亚铁	28.8	48.0	73.3	—	100.7	—	79.9	57.8
六水硫酸亚铁铵	12.5	21.6	33	40	—	52	—	—

三、仪器与试剂

仪器:250 mL 锥形瓶 2 个,100 mL、250 mL 烧杯各 1 只,酒精灯,石棉网,10 mL 量筒,玻璃棒,温度计,蒸发皿,天平,布氏漏斗,滤纸,水浴锅(可用 1000 mL 烧杯代替)。

试剂及其他:3 mol · L^{-1} H$_2$SO$_4$ 溶液,(NH$_4$)$_2$SO$_4$ 固体,铁粉,95%酒精。

四、实验步骤

（一）硫酸亚铁的制备

称 2 g 铁粉,放入锥形瓶中,再加入 3 mol · L^{-1} H$_2$SO$_4$ 溶液 10 mL,水浴加热(温度低于 80 ℃)至不再有气体冒出为止。反应过程中要适当补充些水,以保持原体积。趁热过滤。滤液滤在清洁的蒸发皿中,用 2~3 mL 热水洗涤锥形瓶及漏斗上的残渣。

（二）硫酸亚铁铵的制备

根据加入的 H$_2$SO$_4$ 溶液的量,计算所需(NH$_4$)$_2$SO$_4$ 的量,称取(NH$_4$)$_2$SO$_4$,并参照表 4.1 中不同温度下(NH$_4$)$_2$SO$_4$ 的溶解度数据将其配成饱和溶液,将此溶液倒入上面制得的 FeSO$_4$ 溶液中,并保持混合溶液呈微酸性。在水浴上蒸发、浓缩至溶液表面刚有结晶膜出现,放置让其慢慢冷却,即有硫酸亚铁铵晶体析出。观察晶体颜色。用布氏漏斗减压过滤,尽可能使母液与晶体分离完全;再用少量酒精洗去晶体表面的水分(继续减压过滤)。将晶体取出,摊在两张干净的滤纸之间,并轻轻吸干母液。用天平称重,计算理论产量和产率。

五、实验注意事项

(1) 铁粉与稀硫酸在水浴下反应时,产生大量的气泡,水浴温度不要高于 80 ℃,否则大量的气泡会从瓶口冲出影响产率,此时应注意一旦有泡沫冲出要补充少量水。

(2) 铁粉与稀硫酸反应生成的气体中,大量的是氢气,还有少量有毒的 H$_2$S、PH$_3$ 等气体,应注意打开排气扇或通风。

六、思考题

(1) 在反应过程中,铁粉和 H_2SO_4 溶液哪一种应过量,为什么? 反应为什么必须通风?

(2) 混合溶液为什么要呈微酸性?

(3) 浓硫酸的浓度是多少? 用浓硫酸配制 40 mL 3 mol·L^{-1} H_2SO_4 溶液时,应如何配制? 在配制过程中应注意些什么?

七、实验结果与讨论

(一) 实验结果

根据实验结果计算产率:

$$产率 = \frac{实际产量}{理论产量} \times 100\%$$
$$= \underline{\hspace{4cm}}$$

(二) 讨论

对实验结果进行讨论:

八、实验记录

实验五　药用氯化钠的制备

一、实验目的

(1) 通过沉淀反应,了解提纯氯化钠的原理。
(2) 练习和巩固称量、溶解、沉淀、过滤、蒸发浓缩等基本操作。

二、实验原理

粗食盐中含有不溶性杂质(如泥沙等)和可溶性杂质(主要是 Ca^{2+}、Mg^{2+}、K^+ 和 SO_4^{2-})。不溶性杂质,可用溶解和过滤的方法除去。可溶性杂质,可用下列方法除去,在粗食盐中加入稍微过量的 $BaCl_2$ 溶液时,即可将 SO_4^{2-} 转化为难溶解的 $BaSO_4$ 沉淀而除去。反应如下:

$$Ba^{2+} + SO_4^{2-} =\!=\!= BaSO_4 \downarrow$$

将溶液过滤,除去 $BaSO_4$ 沉淀,再加入 NaOH 和 Na_2CO_3 溶液,由于发生下列反应:

$$Mg^{2+} + 2OH^- =\!=\!= Mg(OH)_2 \downarrow$$
$$Ca^{2+} + CO_3^{2-} =\!=\!= CaCO_3 \downarrow$$
$$Ba^{2+} + CO_3^{2-} =\!=\!= BaCO_3 \downarrow$$

食盐溶液中杂质 Mg^{2+}、Ca^{2+} 以及沉淀 SO_4^{2-} 时加入的过量 Ba^{2+} 便相应转化为难溶的 $Mg(OH)_2$、$CaCO_3$、$BaCO_3$ 沉淀而通过过滤的方法除去。

过量的 NaOH 和 Na_2CO_3 可以用盐酸中和除去。

少量可溶性杂质(如 KCl)由于含量很少,在蒸发浓缩和结晶过程中仍留在溶液中,不会和 NaCl 同时结晶出来。

三、仪器与试剂

仪器:天平、烧杯、玻棒、量筒、布氏漏斗、抽滤瓶、循环水真空泵、蒸发皿、坩埚钳。

试剂及其他：$2\ mol \cdot L^{-1}\ NaOH$ 溶液；$25\%\ BaCl_2$ 溶液；饱和 Na_2CO_3 溶液；$2\ mol \cdot L^{-1}\ HCl$ 溶液；粗食盐，pH 试纸，滤纸。

四、实验步骤

（1）称取粗食盐 30 g。转移至烧杯中，加水 100 mL 加热搅拌至粗盐完全溶解，趁热减压抽滤，弃去滤渣。

（2）将所得滤液加热近沸，滴加 $25\%\ BaCl_2$ 溶液，边加边搅拌，直至不再有沉淀生成为止。加热至沸，为了检验 SO_4^{2-} 是否沉淀完全，将烧杯从石棉网上取下，停止搅拌，待沉淀沉降后，沿烧杯壁滴加数滴 $BaCl_2$ 溶液，应无沉淀生成。待沉淀完全后，继续加热煮沸数分钟，减压抽滤，弃去沉淀。

（3）将所得滤液移至另一干净的烧杯中，逐滴加入 NaOH 溶液和饱和 Na_2CO_3 溶液所组成的混合溶液（其体积比为 $1:1$）使溶液的 pH 调至 11 左右，加热至沸，使反应完全，减压过滤，弃去沉淀。

（4）将滤液移入蒸发皿中，滴加 $2\ mol \cdot L^{-1}\ HCl$，调溶液的 pH 至 4~5，缓慢加热蒸发，将滤液蒸发浓缩至糊状稠液为止（停止搅拌）。趁热减压抽滤。将所得 NaCl 晶体用滤纸吸干后，放在托盘天平上进行称量，计算产率。

五、实验注意事项

（1）滤纸不应大于布氏漏斗的底面。

（2）在热过滤时，整个操作过程要迅速，否则漏斗一凉，结晶会在滤纸上和漏斗颈部析出，操作将无法进行。

（3）洗涤用的溶剂量应尽量少，以避免晶体大量溶解损失。

（4）减压结束时，应该先通大气，再关泵，以防止倒吸。停止抽滤时先将抽滤瓶与抽滤泵间连接的橡皮管拆开，或者将安全瓶上的活塞打开与大气相通，再关。

六、思考题

（1）为什么不能用重结晶法提纯氯化钠？为什么最后的氯化钠溶液不能蒸干？

（2）除去 SO_4^{2-}、Mg^{2+}、Ca^{2+} 的先后顺序是否可以倒置过来？为什么？

（3）粗盐中不溶性杂质和可溶性杂质如何除去？

七、实验结果与讨论

（一）实验结果

根据实验结果计算产率：

$$产率 = \frac{回收量}{取样量} \times 100\%$$

$$= \underline{\hspace{4cm}}$$

（二）讨论

对实验结果进行讨论：

八、实验记录

实验六　醋酸电离度和电离平衡常数的测定

一、实验目的

(1) 学会测定醋酸的电离度和电离平衡常数。

(2) 学会正确地使用 pH 计、判断滴定终点。

(3) 练习和巩固容量瓶、移液管、滴定管等仪器的基本操作。

二、实验原理

醋酸(CH_3COOH,简写为 HAc)是一元弱酸,在水溶液中存在如下电离平衡:

$$HAc \rightleftharpoons H^+ + Ac^-$$

忽略水的电离,其电离常数:

$$K_a = \frac{[H^+][Ac^-]}{[HAc]}$$

注　HAc 的起始浓度为 c(已知);$[H^+]$、$[Ac^-]$、$[HAc]$分别为 H^+、Ac^-、HAc 的平衡浓度,α 为电离度,K_a 为平衡常数。

首先,一元弱酸 HAc 的初始浓度 c 是已知的,其次在一定温度下,通过测定弱酸的 pH 值,由 $pH = -lg[H^+]$,可计算出其中的$[H^+]$。

在纯的 HAc 溶液中,有

$$[H^+] = [Ac^-] = c\alpha$$

$$[HAc] = c(1-\alpha)$$

则

$$\alpha = \frac{[H^+]}{c} \times 100\%$$

$$K_a = \frac{[H^+][Ac^-]}{[HAc]} = \frac{[H^+]^2}{c-[H^+]}$$

当 $\alpha < 5\%$ 时,$c - [H^+] \approx c$,故

$$K_a = \frac{[H^+]^2}{c}$$

根据以上关系,通过测试已知浓度的 HAc 溶液的 pH,就知道其$[H^+]$,从而可以计算该 HAc 溶液的电离度和平衡常数。

三、仪器与试剂

仪器:25 mL 移液管,10 mL 吸量管,100 mL 容量瓶,碱式滴定管,250 mL 锥形瓶,100 mL 烧杯,量筒,洗耳球,铁架台,pH 计,试剂瓶。

试剂:冰醋酸(或醋酸)、0.2 mol · L^{-1} NaOH 标准溶液、标准缓冲溶液(pH = 6.86,4.00)、1%酚酞指示剂。

四、实验步骤

1. 配制醋酸溶液

配制 250 mL 浓度为 0.1 mol · L^{-1} 或 0.05 mol · L^{-1} 的醋酸溶液,分别需要取多少 36%的醋酸?

(1) 0.1 mol · L^{-1} 的醋酸溶液:用量筒量取 4 mL 36%冰醋酸溶液(36 mL 冰醋酸 + 64 mL 蒸馏水)置于烧杯中,加入蒸馏水稀释,转移至 250 mL 容量瓶中,混匀即得 250 mL 浓度约为 0.1 mol · L^{-1} 的醋酸溶液,将其储存于试剂瓶中备用。

(2) 0.05mol · L^{-1} 的醋酸溶液:用量筒量取 2 mL 36%冰醋酸溶液(36 mL 冰醋酸 + 64 mL 蒸馏水)置于烧杯中,加入蒸馏水稀释,转移至 250 mL 容量瓶中,混匀即得 250 mL 浓度约为 0.05 mol · L^{-1} 的醋酸溶液,将其储存于试剂瓶中备用。

2. 醋酸溶液浓度的标定

用移液管准确移取 10.00 mL 醋酸溶液(V_1)于锥形瓶中,加入 1 滴酚酞指示剂,用标准 NaOH 溶液(c_2)滴定,边滴边摇,待溶液呈浅红色,且半分钟内不褪色即为终点。由滴定管读出所消耗的 NaOH 溶液的体积 V_2,根据公式 $c_1 V_1 = c_2 V_2$ 计算出醋酸溶液的浓度 c_1。平行做三份,计算出醋酸溶液浓度的平均值。

3. pH 值的测定

分别用吸量管或移液管准确量取 5.00 mL、10.00 mL、25.00 mL 上述醋酸溶液于三个 100 mL 的容量瓶中,用蒸馏水定容,得到一系列不同浓度的醋酸溶液。将三份溶液按浓度由低到高的顺序,分别用 pH 计测定它们的 pH 值。

4. 计算

由测得的醋酸溶液 pH 值计算醋酸的电离度、电离平衡常数。

五、实验注意事项

（1）测定醋酸溶液 pH 值用的小烧杯，必须洁净、干燥，否则会影响醋酸的起始浓度，以及所测得的 pH 值。

（2）吸量管的使用与移液管类似，但如果所需液体的量小于吸量管体积，则溶液仍需吸至刻度线，然后放出所需量的液体。不可只吸取所需量的液体，然后完全放出。

（3）pH 计使用时按浓度由低到高的顺序测定 pH 值，每次测定完毕，都必须用蒸馏水将电极头清洗干净，并用滤纸擦干。

六、pH 计的使用

（1）首先认识一下雷磁 PHS-3C pH 计。主要包括：主机、电源线、复合电极。在主机上接上电源线和复合电极。

（2）开机后，会出现一个电位的显示。按 pH/mV 键将屏幕显示转换为 pH。

（3）温度设置，按温度按钮，调节温度至室温。具体操作是：按温度按钮（上、下任一个都行），然后按确定，然后按上、下调节温度至室温。

（4）将复合电极的保护外套取下，检查玻璃膜是否完好。玻璃膜保存完好复合电极才能使用。

（5）pH 计使用前需要校正，校正需要标准的缓冲溶液（酸标、中标、碱标）。如果我们要用 pH 计测量偏酸性环境的 pH 值，则需要用中标和酸标进行校正。

（6）用蒸馏水冲洗复合电极，并擦拭干净。将复合电极插入中标中，观察示数，这里设置的实验温度是 25 ℃，pH 值应为 6.86，如果显示的不是 6.86，则需定位。按定位按钮（上、下任意键），然后按确定，再按上、下键调节示数显示为 6.86，按确定。此时中标定位完成。

（7）中标定位完成后，用蒸馏水冲洗复合电极，并擦拭干净。将复合电极插入酸标中，观察示数，这里设置的实验温度是 25 ℃，pH 值应为 4.00，如果显示的不是 4.00，则需定位。按定位按钮（上、下任意键），然后按确定，再按上、下键调节示数显示为 4.00，按确定。此时酸标中定位完成。

（8）定位完成，即可使用。

七、思考题

（1）标定醋酸浓度时，可否用甲基橙作为指示剂？为什么？

（2）当改变所测溶液温度时,电离度和电离常数有何变化?

八、实验结果与讨论

（一）实验结果

1. 醋酸溶液浓度的标定

根据实验填写表 6.1。

表 6.1

滴定序号		Ⅰ	Ⅱ	Ⅲ
NaOH 溶液的浓度/mol·L^{-1}				
HAc 溶液的用量/mL				
NaOH 溶液的用量/mL				
HAc 溶液的浓度 /mol·L^{-1}	测定值			
	平均值			

2. 醋酸溶液 pH 值

根据实验填写表 6.2。

表 6.2

编号	V_{HAc}/mL	c_{HAc}/mol·L^{-1}	pH	$[H^+]$/mol·L^{-1}	α	K_a	
						测定值	平均值
1	5.00						
2	10.00						
3	25.00						

（二）讨论

对实验结果进行讨论：

九、实验记录

第二部分

分析化学实验

实验七　分析化学实验安全教育与仪器认领、洗涤

一、分析化学实验目的

分析化学是一门实践性很强的学科，实验课约占总学时的 $1/2\sim2/3$。为此，分析化学实验单独设课。分析化学实验课的任务是巩固、扩大和加深对分析化学基本理论的学习和理解；熟悉各种分析方法，尤其应掌握基础的化学分析法；熟练掌握分析化学基本操作技术；使学生具有初步进行科学实验的能力。为学习后续课程和将来从事与化学有关的科学研究工作打下良好的基础。为完成上述任务，提出以下要求：

通过分析化学实验课的教学，掌握化学分析的基本知识，如常见离子的基本性质和鉴定、常见基准物质的使用、滴定分析的基本操作方法和指示剂的选择，学会查阅分析化学手册和参考资料。

在分析化学实验教学过程中，要注意培养严谨的学习态度，科学的思想方法，良好的实验操作习惯，爱公物、守纪律的优良品德和实事求是的工作作风。

分析化学实验是本科期间接触的第一门以定量测定为主的基础课，通过具体的实验，应达到以下目的：

(1) 巩固、扩大和加深对分析化学基本理论的理解，熟练掌握分析化学的基本操作技术，充实实验基本知识，学习并掌握重要的分析方法。具有初步进行科学实验的能力。

(2) 了解并掌握实验条件、试剂用量等对分析结果准确度的影响，树立准确的"量"的概念。学会正确、合理地选择分析方法、实验仪器、所用试剂和实验条件进行实验，确保分析结果的准确度。

(3) 掌握实验数据的处理方法，正确记录、处理和分析实验数据，写出完整的实验报告。

(4) 培养严谨细致的工作作风和实事求是的科学态度。通过实验，培养提出问题、分析问题、解决问题的能力和创新能力。

(5) 根据所学的分析化学基本理论，所掌握的实验基本知识，设计实验方案，并通过实际操作验证其设计实验的可行性。

二、分析化学实验要求

（1）实验课开始时应认真阅读"实验室规则"和"天平室使用规则"，要遵守实验室的各项制度。了解实验室安全常识、化学药品的保管和使用方法及注意事项，了解实验室一般事故的处理方法，按操作规程和教师的指导认真进行操作。

（2）课前必须进行预习，明确实验目的，理解实验原理，熟悉实验步骤，做好必要的预习记录。未预习者不得进行实验。

（3）洗仪器用水要遵循"少量多次"的原则。要注意节约使用试剂、滤纸、纯水及自来水等。取用试剂时要看清标签，以免因误取而造成浪费和实验失败。

（4）保持室内安静，以利于集中精力做好实验。保持实验台面清洁，仪器摆放整齐、有序。

（5）所有实验数据，尤其是各种测量的原始数据，必须随时记录在专用的实验记录本上，不得记在其他任何地方，不得涂改原始实验数据。

（6）火柴、纸屑、废品等只能丢入废物缸（箱）内，不能丢入水槽，以免水管堵塞。

（7）树立环境保护意识，在能保证实验准确度要求的情况下，尽量降低化学物质（特别是有毒有害试剂及洗液、洗衣粉等）的消耗。实验产生的废液、废物要进行无害化处理后方可排放，或放在指定的废物收集器中，统一处理。

三、分析化学实验室安全知识

分析化学实验中，经常使用水、电、大量易破损的玻璃仪器和一些具有腐蚀甚至易燃、易爆或有毒的化学试剂。为确保人身和实验室的安全而且不污染环境，实验中须严格遵守实验室的安全规则。主要包括：

（1）禁止将食物和饮料带进实验室，实验中注意不用手摸脸、眼睛等部位。一切化学药品严禁入口，实验完毕后必须洗手。

（2）使用浓酸、浓碱以及其他腐蚀性试剂时，切勿溅在皮肤和衣物上。涉及浓硝酸、盐酸、硫酸、高氯酸、氨水等的操作，均应在通风橱内进行。夏天开启浓氨水、盐酸时一定先用自来水将其冷却，再打开瓶盖。使用汞、汞盐、砷化物、氰化物等剧毒品时，要实行登记制度，取用时要特别小心，切勿泼洒在实验台面和地面上，用过的废物、废液切不可乱扔，应分别回收，集中处理。实验中的其他废物、废液也要按照环保的要求妥善处理。

（3）注意防火。实验室严禁吸烟。万一发生火灾，要保持镇静，立即切断电源或燃气源，并采取针对性的灭火措施。一般的小火用湿布、防火布或沙子覆盖燃烧物灭火。不溶于水的有机溶剂以及能与水起反应的物质如金属钠,一旦着火,绝不能用水浇,应用沙土压或用二氧化碳灭火器灭火。如电器起火,不可用水冲,应当用四氯化碳灭火器灭火。情况紧急应立即报警。

(4) 使用各种仪器时,要在教师讲解或自己仔细阅读并理解操作规程后,方可动手操作。

(5) 安全使用水电。离开实验室前,应仔细检查水、电、气、门窗是否关好。

(6) 如发生烫伤和割伤应及时处理,严重者应立即送医院治疗。

四、滴定分析器皿的洗涤与使用

(一) 玻璃器皿的洗涤

容量器皿在使用前必须仔细洗净。洗净的容量器皿,内壁应能被水均匀润湿而无条纹及水珠。

1. 一般玻璃器皿

例如,烧杯或锥形瓶的洗涤,可用刷子蘸取肥皂或合成洗涤剂来刷洗,刷洗后再用自来水冲洗,若仍有油污可用铬酸洗液来浸泡。

2. 滴定管

无明显油污的滴定管,可直接用自来水冲洗,再用滴定管刷刷洗,若有油污则可倒入温热至 $40\sim50\ ^{\circ}\mathrm{C}$ 的 5% 铬酸洗液 10 mL,把管子横过来,两手平端滴定管转动直至洗液布满全管。碱式滴定管则应先将最下端的玻璃尖嘴与玻璃珠取下,倒放入铬酸洗液和烧杯中,用吸耳球将洗液吸至洗液充满全管为止。

3. 容量瓶

用水冲洗后,如还不洁净,可倒入洗液摇动或浸泡。

4. 移液管

吸取洗液进行洗涤。若污染严重,则可放在高型玻筒或大量筒内用洗液浸泡。

注 上述仪器洗净后,将用过的洗液仍倒入原贮存瓶中,器皿先用自来水冲洗干净,最后用蒸馏水润洗三次,备用。

(二) 玻璃器皿的使用

1. 滴定管

滴定管是用来进行滴定的器皿,用于测量在滴定中所用溶液的体积,滴定管是一种细长、内径大小比较均匀且具有刻度的玻璃管,管的下端有玻璃尖嘴,有25 mL、50 mL 等不同体积的容积。

（1）分类

一般分为两种:酸式滴定管和碱式滴定管。

酸式滴定管的下端为玻璃活塞,可盛放酸液及氧化剂,不能盛放碱液,因碱液常使活塞与活塞套黏合,难以转动。

碱式滴定管的下端连接一橡皮管,内放一玻璃珠以控制溶液的流出,下面再连有一尖嘴玻璃管,这种滴定管用来盛放碱液,不能盛放酸或氧化剂等腐蚀橡皮的溶液。

（2）滴定管的使用步骤

① 检查是否漏液:为了防止滴定管漏水,在使用之前要将已洗净的滴定管活塞拔出,用滤纸将活塞套擦干,在活塞粗端和活塞套的细端分别涂一层凡士林,小心不要涂在塞孔处以防堵住塞孔眼,然后将活塞插入活塞套内,来回旋转活塞数次直至透明为止。然后在活塞末端套一橡皮圈以防在使用时将活塞顶出。然后在滴定管内装入蒸馏水,置滴定管架上直立 2 min 观察一次,放在滴定管架上,没有漏水即可应用。

② 润洗:为了保证装入滴定管溶液的浓度不被稀释,要用溶液洗涤润洗滴定管三次,每次为 7～8 mL。其方法是注入溶液后,将滴定管横过来,慢慢转动,使溶液流遍全管,然后将溶液自下放出,洗好后,即可装入溶液。

注　装溶液时要直接从试剂瓶倒入滴定管,不要再经过漏斗等其他容器。

③ 气泡的检查:将标准溶液充满酸式滴定管后,应检查管下部是否有气泡,如有气泡,可转动活塞,使溶液急速流下驱去气泡。如为碱式滴定管,则可将橡皮管向上弯曲,并在稍高于玻璃珠所在处用手指挤压,使溶液从尖嘴口喷出,气泡即可除尽。

④ 滴定管的读数:在读数时,用手指轻轻捏住高于溶液面的玻璃管处,并将管下端悬挂的液滴除去。滴定管内的液面呈弯月形,读数时,眼睛视线与溶液弯月面下缘最低点应在同一水平上,若视线的位置不正确,会得出不同的读数。为了使读数清晰,亦可在滴定管后边衬一张白色纸片作为背景,形成颜色较深的弯月带,读取弯月面的下缘,这样做不受光线的影响,易于观察。深色溶液的弯月面难以看清,如 $KMnO_4$ 溶液,可观察液面的上缘。读数时应估计到 0.01 mL。

⑤ 滴定操作:滴定姿势要站正,用左手控制滴定管的活塞,右手拿锥形瓶。使用酸式滴定管时,左手拇指在前,食指及中指在后,一起控制活塞,在转动活塞时,手指微微弯曲,轻轻向内扣住,手心不要顶住活塞小头一端,以免顶出。使用碱式滴定管时,用手指捏玻璃珠所在部位稍上处的橡皮,使形成一条缝隙,溶液即可流出。滴定时,左手控制溶液流量,右手拿住瓶颈,并向同一方向做圆周运动,旋摇,这样使滴下的溶液能较快地被分散而进行化学反应。但注意不要使瓶内溶液溅出,在接近终点时,必须用少量蒸馏水冲洗锥形瓶瓶壁,使溅起的溶液淋下,充分作用完全。同时,滴定速度要放慢,以防滴定过量。每次加入 1 滴或半滴溶液,不断

摇动,直至终点。

　　注　同一实验的每次滴定中,溶液的体积应该控制在滴定管刻度的同一部位。

2. 容量瓶

　　容量瓶是一种细颈梨形的平底瓶,带有磨口塞和塑料塞,颈上有标线。容量瓶一般用来配制标准溶液和试样溶液。

　　容量瓶在使用前先要检查是否漏水。检查方法是:放入自来水至标线附近,盖好瓶塞,瓶外水珠用布擦拭干净,用左手按住瓶塞,右手手指顶住瓶底边缘,把瓶倒立2分钟,观察瓶周围是否有水渗出,如果不漏,将瓶直立,把瓶塞转动180度,再倒立过来试一次。

　　在配制溶液时,先将容量瓶洗净。如用固体物质配制溶液,应先将固体物质在烧杯中溶解,再将溶液转移至容量瓶中,转移时,要使玻璃棒的下端靠近瓶颈内壁,使溶液沿壁流下,溶液全部流完后,将烧杯轻轻沿玻璃棒上提,同时直立,使附着在玻璃棒与烧杯嘴之间的溶液流回到烧杯中,然后用蒸馏水洗涤烧杯三次,洗涤液一并转入容量瓶。当加入蒸馏水至容量瓶容量的2/3时,摇动容量瓶,使溶液初步混匀。接近标线时,要慢慢滴加,直至溶液的弯月面与标线相切为止。有时,可以把一干净漏斗放在容量瓶上,将已称样品倒入漏斗中(这时大部分已经落入容量瓶中)。然后,应以洗瓶吹出少量蒸馏水,将残留在漏斗上的样品完全洗入容量瓶中,冲洗几次后,轻轻提起漏斗,再用洗瓶的水充分冲洗,然后如前操作。容量瓶不能久贮溶液,尤其是碱性溶液,它会侵蚀黏住瓶塞,无法打开。所以配制好溶液后,应将溶液倒入清洁干燥的试剂瓶中贮存。容量瓶不能用火直接加热与烘烤。

3. 移液管

　　移液管(吸管)用于准确移取一定体积的溶液,通常有两种形状:一种移液管中间有膨大部分,称为胖肚移液管或胖肚吸管,常用的有5 mL、10 mL、25 mL、50 mL等几种规格;另一种直形的,管上有分刻度,称为吸量管(刻度吸管)。使用时,洗净的移液管要用被吸取的溶液润洗三次,以除去管内残留的水分。为此,可倒少许溶液于一洁净干燥的小烧杯中,用移液管吸取少量溶液至球部的四分之一处,将管横过来转动,使溶液流过管内标线下所有的内壁,然后使管直立将溶液由尖嘴口放出。

　　吸取溶液时,一般可以用左手拿洗耳球,右手把移液管插入溶液中吸取。当溶液吸至标线以上时,马上用右手食指按住管口,取出,用滤纸擦干下端,然后稍松食指,使液面平稳下降,直至液面的弯月面与标线相切,立即按紧食指,将移液管垂直放入接收溶液的容器中,接收容器倾斜45°,管尖与容器壁接触,放松食指,使溶液自由流出,流完后再等15秒,残留于管尖的液体不必吹出,因为工厂生产核定移液管时,也未把这部分液体体积计算在内。

移液管使用后,应立即洗净放在移液管架上。

4. 碘量瓶

滴定操作多在锥形瓶中进行,有时也可在烧杯中进行。带磨口塞子的锥形瓶称为碘量瓶,由于碘液较易挥发而引起误差,因此在用碘量法测定时,反应一般在具有玻璃塞且瓶口带边的锥形瓶中进行,碘量瓶的塞子及瓶口的边缘都是磨砂的。在滴定时可打开塞子,用蒸馏水将挥发在瓶口及塞子上的溶液冲洗入碘量瓶中。

注　使用时塞子不能放在桌面上,应夹在右手的食指和中指之间,滴定完毕后马上盖上塞子。

实验八　酸碱标准溶液的配制和浓度的比较

一、实验目的

(1) 了解酸碱标准溶液的配制方法。

(2) 练习滴定操作,熟悉甲基橙和酚酞指示剂的选择和终点判断。

(3) 初步掌握滴定操作技能。

二、实验原理

在酸碱滴定中,通常将 HCl 和 NaOH 标准溶液作为滴定剂。由于 HCl 易挥发,NaOH 易吸收空气中的水和二氧化碳,因此不宜用直接法配制标准溶液,而采用先配制成近似浓度的溶液,然后用基准物标定其准确浓度,也可用一已知准确浓度的标准酸(碱)溶液滴定碱(酸)溶液,再根据它们的体积比求出待标定溶液的浓度。

强酸强碱滴定,计量点时溶液 pH 呈中性;HCl 与 NaOH 溶液的滴定突跃范围为 pH 4～10,可选用在此范围变色的指示剂:甲基橙(变色范围 pH 3.1～4.4)或酚酞(变色范围 pH 8.0～9.6)来指示滴定终点。根据肉眼对颜色的敏感性,用 HCl 滴定 NaOH 时,一般选用甲基橙为指示剂,终点变化是黄色转变为橙色;而用 NaOH 滴定 HCl 时,一般选用酚酞为指示剂,终点变化是无色转变为微红色。

三、仪器与试剂

仪器:酸式、碱式滴定管,试剂瓶,锥形瓶,25 mL 移液管。

试剂:盐酸,氢氧化钠,0.2%甲基橙溶液,0.2%酚酞溶液。

注　部分试剂的配制方法如下:

0.2%甲基橙溶液:0.2 g 甲基橙溶解于 100 g 水中;

0.2% 酚酞溶液:0.2 g 酚酞溶解于 100 g 乙醇中。

四、实验内容

1. 0.1 mol·L⁻¹ HCl 标准溶液的配制

用洁净量筒取盐酸($d = 1.19$ g·mL⁻¹)4.2 mL,倒入试剂瓶中,用蒸馏水稀释至 500 mL,塞好玻璃塞,充分摇匀。

2. 0.1 mol·L⁻¹ NaOH 标准溶液的配制

用玻璃烧杯在天平上迅速称取固体 NaOH 2 g,立即用 500 mL 蒸馏水溶解,贮存于具橡皮塞的细口试剂瓶中,充分摇匀。

3. HCl 溶液和 NaOH 溶液的浓度比较

(1) 以甲基橙为指示剂,用 HCl 溶液滴定 NaOH 溶液。从碱式滴定管中准确放出 NaOH 溶液 25 mL 于锥形瓶中,再加入 1 滴甲基橙指示剂,用 0.1 mol·L⁻¹ HCl 溶液滴定至溶液由黄色刚好变为橙色为终点,记下 HCl 溶液消耗的体积。平行测定三份。

(2) 以酚酞为指示剂,用 NaOH 溶液滴定 HCl 溶液。从酸式滴定管中准确放出 HCl 溶液 25 mL 于锥形瓶中,再加入 2 滴酚酞指示剂,用 0.1 mol·L⁻¹ NaOH 溶液滴定至溶液由无色刚好变为微红色并保持 30 秒不褪色即为终点,记下 NaOH 溶液消耗的体积。平行测定三份。

五、注意事项

在本次试验中,若一种滴定剂滴加过量,可以用另一种滴定剂返滴定,如此来回,以练习对滴定终点的把握。

六、思考题

(1) 滴定管在装入标准溶液前为什么要用标准溶液润洗 2～3 次?用于滴定的锥形瓶是否需要干燥?要不要标准溶液润洗?为什么?

(2) 为什么不能用直接法配制 HCl 与 NaOH 标准溶液?

(3) 为什么用 HCl 溶液滴定 NaOH 溶液,用甲基橙为指示剂,而用 NaOH 溶液滴定 HCl 溶液时不用?

七、实验结果与讨论

（一）实验结果

（1）以甲基橙为指示剂，用 HCl 溶液滴定 NaOH 溶液。将实验结果填入表 8.1 中。

表 8.1

	试样 1	试样 2	试样 3
NaOH 溶液的体积/mL			
滴定前 HCl 溶液液面读数/mL			
滴定后 HCl 溶液液面读数/mL			
滴定消耗 HCl 溶液的体积/mL			

（2）以酚酞为指示剂，用 NaOH 溶液滴定 HCl 溶液。将实验结果填入表 8.2 中。

表 8.2

	试样 1	试样 2	试样 3
HCl 溶液的体积/mL			
滴定前 NaOH 溶液液面读数/mL			
滴定后 NaOH 溶液液面读数/mL			
滴定消耗 NaOH 溶液的体积/mL			

（二）讨论

对实验结果进行讨论：

八、实验记录

实验九　NaOH 标准溶液的标定与酒石酸的含量测定

一、实验目的

(1) 进一步练习滴定操作。
(2) 掌握碱标准溶液浓度的标定方法。
(3) 了解酒石酸的组成和性质。
(4) 熟悉酚酞指示剂滴定终点的判断。
(5) 掌握酒石酸含量测定的原理和分析方法。

二、实验原理

通常情况下，NaOH 溶液的浓度无法准确配制，一般是先配制一份近似浓度的溶液，然后标定。标定 NaOH 溶液所用的基准物质有多种，本实验选用邻苯二甲酸氢钾，其易于提纯，在空气中稳定，不吸潮，容易保存，摩尔质量大；标定反应为

用酚酞指示剂，溶液由无色变为微红色且 30 秒内不变色，即为滴定终点。

酒石酸分子结构中的两个羧基，其解离常数分别为

$$K_{a1} = 9.6 \times 10^{-4}, \quad K_{a2} = 2.9 \times 10^{-5}$$

故可用 NaOH 标准溶液直接滴定。其滴定反应为

计量点时，生成强碱弱酸盐，溶液呈弱碱性，可选用酚酞作指示剂。滴定至溶液呈微红色即为终点。

三、仪器与试剂

仪器:碱式滴定管,锥形瓶,分析天平,烧杯,电热恒温干燥箱。

试剂:邻苯二甲酸氢钾,0.2%酚酞溶液,固体 NaOH,酒石酸样品,NaOH 标准溶液,0.2%酚酞指示剂。

四、实验内容

1. 0.1 mol·L⁻¹ NaOH 标准溶液的配制

用玻璃烧杯在天平上迅速称取固体 NaOH 2 g,加水溶解,转移至 500 mL 的大烧杯中,稀释,定容,搅匀,转移至试剂瓶中待用。

2. 0.1 mol·L⁻¹ NaOH 标准溶液的标定

取已经在 105~110 ℃烘干至恒重的基准邻苯二甲酸氢钾约 0.45 g,精密称定,置于 250 mL 锥形瓶中,用 50 mL 蒸馏水使之溶解,加入酚酞指示剂 2 滴,用 NaOH 标准溶液滴定至微红色,半分钟内不褪色为终点,记录 NaOH 标准溶液的消耗的体积。平行测定三份并做空白对照。

3. 酒石酸的含量测定

精密称量酒石酸样品约 0.17 g,置于锥形瓶中,加蒸馏水 50 mL 使溶解,然后加入酚酞指示剂 2 滴,用 NaOH 标准溶液滴定至溶液呈浅红色(30 秒不褪色)即为终点。记下消耗 NaOH 的体积。平行测定三份并做空白对照。计算酒石酸的含量。

五、注意事项

邻苯二甲酸氢钾晶体要溶解完全方可滴定,否则,将使 NaOH 溶液滴定体积减小,NaOH 标准溶液标定结果偏高。

酒石酸为二元酸,因为 $K_{a1} \cdot C$、$K_{a2} \cdot C > 10^{-8}$,且 $< 10^{-4}$,故不能被分步滴定,只能按二元酸一次被滴定。

六、思考题

(1) 溶解样品溶液时,所加的体积为何不需要很准确?

(2) 每次滴定完成后,为什么要将标准溶液加至滴定管零刻度或接近零点,然后进行第二次滴定?

(3) 滴定管是滴定分析中测量放出溶液体积的准确量具,常量分析中所用 50 mL 滴定管,一般控制所用量为 20~50 mL,记录时应准确记录几位有效数字?

(4) 用邻苯二甲酸氢钾标定 NaOH 溶液时,为什么用酚酞而不用甲基橙作指示剂?

七、实验结果与讨论

(一) 结果

(1) 0.1 mol·L^{-1} NaOH 标准溶液的标定:将实验结果填入表 9.1 中。

表 9.1

	试样 1	试样 2	试样 3	空白
邻苯二甲酸氢钾的质量/g				
滴定前 NaOH 液面读数/mL				
滴定后 NaOH 液面读数/mL				
滴定消耗 NaOH 溶液的体积/mL				
NaOH 的浓度				
NaOH 的平均浓度				

(2) 酒石酸的含量测定:将实验结果填入表 9.2 中(要求准确写出计算公式)。

表 9.2

	试样 1	试样 2	试样 3	空白
酒石酸的质量/g				
滴定前 NaOH 液面读数/mL				
滴定后 NaOH 液面读数/mL				
滴定消耗 NaOH 溶液的体积/mL				
酒石酸的含量%				
酒石酸的平均含量%				

（二）讨论

对实验结果进行讨论：

八、实验记录

实验十 　0.01 mol·L⁻¹ EDTA 标准溶液的配制与标定和水的总硬度测定

一、实验目的

(1) 了解 EDTA 的性质和标准溶液的配制方法。
(2) 熟悉配位滴定中指示剂的选择和使用。
(3) 掌握 EDTA 标准溶液标定原理和终点判断方法。
(4) 了解水总硬度的测定。
(5) 熟悉金属指示剂的变色原理及使用注意事项。
(6) 掌握配位滴定法测定水总硬度的原理、操作及水总硬度表示方法。

二、实验原理

EDTA 标准溶液常用 EDTA-2Na 采用间接法配制,用纯金属锌或氧化锌基准物标定,在 pH = 10 的条件下,以铬黑 T 为指示剂,滴定终点时溶液由酒红色变为纯蓝色。

滴定反应为

$$Zn^{2+} + H_2Y^{2-} \Longrightarrow ZnY^{2-} + 2H^+$$

终点时:

$$ZnIn^- + H_2Y^{2-} \Longrightarrow ZnY^{2-} + H^+ + HIn^{2-}$$

　　　　　酒红色　　　　　　　　　　　　　　　纯蓝色

EDTA 法是在 pH = 10 的条件下,以铬黑 T 为指示剂,用 EDTA 标准溶液滴定水中钙、镁离子,溶液由酒红色刚好变为纯蓝色时为终点。

滴定反应为

$$Ca^{2+} + H_2Y^{2-} \Longrightarrow CaY^{2-} + 2H^+$$

$$Mg^{2+} + H_2Y^{2-} \Longrightarrow MgY^{2-} + 2H^+$$

终点时:

$$MgIn^- + H_2Y^{2-} \Longrightarrow MgY^{2-} + H^+ + HIn^{2-}$$

　　　　　酒红色　　　　　　　　　　　　　　　纯蓝色

测定钙、镁离子总量常以氧化钙或碳酸钙含量来计算水的硬度:其中一种以氧化钙表示的方法是 1 L 水中含 10 mg CaO 为 1 度。

三、仪器与试剂

仪器:酸式滴定管,锥形瓶,容量瓶,试剂瓶,移液管,分析天平,量筒。

试剂:EDTA-2Na・H_2O,ZnO,铬黑 T 指示剂,甲基红指示剂,氨试液,NH_3-NH_4Cl 缓冲溶液,自来水。

注 部分试剂的配制方法如下:

铬黑 T 指示剂:0.1 g 铬黑 T 与 10 g 氯化钠粉末混合均匀(固体合剂)。

甲基红指示剂:甲基红 0.025 g 溶于 100 mL 乙醇中,即得。

氨试液:氨水 + 水(1:1)即得,配制 50 mL。

NH_3-NH_4Cl 缓冲液:5.4 g NH_3Cl + 25 mL 浓氨水 + 20 mL 水溶解,加水至 100 mL 即得。

四、实验内容

1. 0.01 mol・L^{-1} EDTA 标准溶液的配制

取 EDTA-2Na・$2H_2O$ 约 1.9 g,加水溶解,稀释至 500 mL,转移至试剂瓶待用。

2. 0.01 mol・L^{-1} EDTA 标准溶液的标定

精密称取已在 800 ℃灼烧至恒重的基准 ZnO 约 0.18 g,加稀盐酸 3 mL,使之溶解后,加适量蒸馏水稀释,定量转移至 250 mL 容量瓶中,精密移取 25 mL,加甲基红指示剂 1 滴,滴加氨试液至溶液呈微黄色;再加蒸馏水 25 mL、NH_3-NH_4Cl 缓冲液 10 mL 和铬黑 T 指示剂少许,用 EDTA 标准溶液滴定至溶液由酒红色恰变为纯蓝色,即为终点,记下 EDTA 标准溶液消耗的体积。平行测定三份并做空白对照。

3. 水的总硬度测定

量取水样 100 mL 置于锥形瓶中,加入 NH_3-NH_4Cl 缓冲液 5 mL 和铬黑 T 指示剂少许,用上述 EDTA 标准溶液滴定至溶液由酒红色刚好变为纯蓝色即为终点,记下 EDTA 标准溶液消耗的体积。平行测定三份。计算水的总硬度。

五、注意事项

(1) EDTA-2Na・$2H_2O$ 在水中溶解较慢,可加热使溶解或放置过夜。

(2) ZnO 粉末加稀盐酸溶解实质上是强酸反应,一定要等反应完全后才可加水稀释。

(3) 铬黑 T 指示剂加入量要适中,否则溶液颜色过深或过浅均不利于终点判断。

(4) 天然水和自来水均含有钙、镁,其酸式碳酸盐形成的硬度称为暂时硬度;其他的钙、镁盐类形成的硬度称为永久硬度。暂时硬度与永久硬度的总和称为总硬度,即水中溶解的钙盐和镁盐的总量。硬度对工业用水的影响很大,如锅炉用水,经常要进行硬度分析。

(5) 自来水取样时要注意取样的均匀性。

(6) 指示剂与金属离子配位产生酒红色的配位离子,计量点时 EDTA 夺走金属离子,使铬黑 T 指示剂游离出来而呈蓝色;EDTA 标准溶液再过量也不会使终点颜色加深。在滴定过程中要特别注意观察酒红色向蓝色转变的中间色,否则滴定剂容易过量。

六、思考题

(1) 用 ZnO 标定 EDTA 标准溶液时,为什么要加 NH_3-NH_4Cl 缓冲液?

(2) 实验中加甲基红指示剂有何作用?

(3) 本次实验量取水样应该用什么量器?

(4) 锥形瓶用自来水清洗干净后是否要用蒸馏水润洗三遍?

七、实验结果与讨论

(一) 实验结果

(1) $0.1 \, mol \cdot L^{-1}$ EDTA 标准溶液的标定:将实验结果填入表 10.1 中。

表 10.1

	试样 1	试样 2	试样 3	空白
ZnO 的质量/g				
滴定前 EDTA 液面读数/mL				
滴定后 EDTA 液面读数/mL				
滴定消耗 EDTA 溶液的体积/mL				
EDTA 的浓度				
EDTA 的平均浓度				

(2) 水的总硬度测定:将实验结果填入表 10.2 中(要求准确写出计算公式)。

表 10.2

	试样 1	试样 2	试样 3
水的体积/mL			
滴定前 EDTA 液面读数/mL			
滴定后 EDTA 液面读数/mL			
滴定消耗 EDTA 溶液的体积/mL			
水的硬度			
水的平均硬度			

（二）讨论

对实验结果进行讨论：

八、实验记录

实验十一　0.1 mol·L⁻¹ Na₂S₂O₃ 标准溶液的配制与标定和胆矾的含量测定

一、实验目的

(1) 了解 $Na_2S_2O_3$ 标准溶液的配制方法及注意事项。

(2) 熟悉置换碘量法淀粉指示剂的加入时间及重点变化。

(3) 掌握 $Na_2S_2O_3$ 标准溶液的标定方法。

(4) 了解胆矾的组成和测定方法。

(5) 熟悉置换碘量法。

二、实验原理

$Na_2S_2O_3$ 标准溶液通常用 $Na_2S_2O_3 \cdot 5H_2O$ 配制,由于 $Na_2S_2O_3$ 遇酸分解,配制时,若水中含有较多的 CO_2 则 pH 偏低,容易使配得的 $Na_2S_2O_3$ 变浑浊;另外,水中若有微生物也能慢慢分解 $Na_2S_2O_3$ 标准溶液。因此要配制 $Na_2S_2O_3$ 标准溶液,通常用新煮沸放冷的蒸馏水,并加入少量 Na_2CO_3,其浓度约 0.02%,以防止 $Na_2S_2O_3$ 分解。

标定 $Na_2S_2O_3$ 可用 $KBrO_3$、KIO_3、$K_2Cr_2O_7$、$KMnO_4$ 等氧化剂,其中以使用 $K_2Cr_2O_7$ 最为方便。滴定时采用置换碘量法,即 $K_2Cr_2O_7$ 先与过量 KI 作用,再用待标定的 $Na_2S_2O_3$ 溶液滴定析出的 I_2。

置换反应:

$$Cr_2O_7^{2+} + 14H^+ + 6I^- \Longrightarrow 3I_2 + 2Cr^{3+} + 7H_2O$$

在酸度较低时,上述反应完成较慢;但若酸性太强,KI 又易被空气氧化,因此必须注意酸度的控制,并注意避光放置 10 min,使反应定量完成。

滴定反应:

$$I_2 + 2S_2O_3^{2-} \Longrightarrow 2I^- + S_4O_6^{2-}$$

置换反应析出的 I_2 用 $Na_2S_2O_3$ 溶液滴定,以淀粉溶液为指示剂。淀粉溶液在有 I⁻ 离子存在时,能与 I_2 分子形成蓝色可溶性复合物,使溶液变为蓝色,到达滴定终点时,溶液中的 I_2 全部与 $Na_2S_2O_3$ 作用,则蓝色消失。

由于滴定刚开始时 I_2 太多,被淀粉吸附得过牢,不易被完全夺出,难以观察终点,因此必须在滴定至近终点时方可加入淀粉指示剂。

在 HAc 或 H_2SO_4 酸性介质(pH $=3\sim4$)中,Cu^{2+} 与过量 I^- 作用,生成难溶性 Cu_2I_2 沉淀和 I_2:

$$2Cu^{2+} + 4I^- \Longrightarrow Cu_2I_2 + I_2$$
$$乳白色$$

生成的 I_2 用 $Na_2S_2O_4$ 标准溶液滴定,滴定反应如下:

$$I_2 + 2S_2O_3^{2-} \Longrightarrow 2I^- + S_4O_6^{2-}$$

以淀粉溶液为指示剂。淀粉溶液在有 I^- 离子存在时,能与 I_2 分子形成蓝色可溶性复合物,使溶液呈蓝色,到达终点时,溶液中的 I_2 全部与 $Na_2S_2O_4$ 作用,蓝色消失。

三、仪器与试剂

仪器:碱式滴定管,碘量瓶,棕色玻璃瓶,分析天平。

试剂:$Na_2S_2O_3 \cdot 5H_2O$,KI,$K_2Cr_2O_7$,HCl 溶液(1:2),Na_2CO_3,0.5%淀粉指示剂,胆矾样品,KI,HAc。

注　HAc 溶液是质量分数为 36%～37% 的稀醋酸溶液。

四、实验内容

1. $0.1\ mol \cdot L^{-1}\ Na_2S_2O_3$ 标准溶液的配制

在 400 mL 含有 0.1 g Na_2CO_3 的新煮沸冷却的蒸馏水中加入 10.4 g $Na_2S_2O_3$ $\cdot 5H_2O$,使之完全溶解,盛在棕色玻璃瓶内,放置 7～10 天,待其浓度稳定后,再标定。

2. $0.1\ mol \cdot L^{-1}\ Na_2S_2O_3$ 标准溶液的标定

取在 120 ℃ 中干燥至恒重的基准 $K_2Cr_2O_7$ 0.12 g,精密称定,置于碘量瓶中,加蒸馏水 25 mL,使之溶解。加 2 g KI,轻轻振摇使溶解,再加蒸馏水 25 mL、HCl 溶液(1:2)10 mL,塞紧,摇匀,封水。在暗处放置 10 min;取出,加蒸馏水 50 mL 稀释,用 $Na_2S_2O_3$ 溶液滴定至近终点,加入淀粉指示剂 2 mL,继续滴定至蓝色消失显亮绿色,即达终点,记下 $Na_2S_2O_3$ 标准溶液消耗的体积。平行测定三份。

3. 胆矾的含量测定

取胆矾样品约 0.5 g,精密称定,置于碘量瓶中,加蒸馏水 50 mL,溶解后加

HAc 4 mL,KI 2 g,用 $Na_2S_2O_4$ 标准溶液滴定近终点,加入 0.5%淀粉指示剂 2 mL,继续滴定至蓝色消失,记下 $Na_2S_2O_4$ 标准溶液消耗的体积。平行测定三份。计算胆矾的含量。

五、注意事项

(1) 加入 KI 必须过量,其作用有:

① 降低 I_2/I^- 的电极电位,使电位差加大,反应加速并定量完成。

② 使生成的 I_2 溶解。

③ 防止 I_2 的挥发,但浓度不能超过 2%~4%,因为 I^- 太浓,淀粉指示剂颜色转变不灵敏。

(2) 滴定体系酸度对滴定有影响,要求 H^+ 浓度为 $0.2\sim0.4\ mol\cdot L^{-1}$。$Na_2S_2O_3$ 与 I_2 的反应只能在中性或弱酸性溶液中进行,在碱性溶液中会发生下面的副反应:

$$S_2O_3^{2-} + 4I_2 + 10OH^- \Longrightarrow 2SO_4^{2-} + 8I^- + 5H_2O$$

而在酸性溶液中 $Na_2S_2O_3$ 又易分解,析出 S:

$$S_2O_3^{2-} + 2H^+ \Longrightarrow S\downarrow + SO_2\uparrow + H_2O$$

所以进行滴定以前溶液应加水稀释,其作用包括:一是降低酸度,二是使终点时溶液中的 Cr^{3+} 离子的颜色不致过深而影响终点观察。

(3) 滴定终点有回蓝现象,如果不是很快回蓝,可以认为是由于空气氧化 I^- 造成的,不影响结果。如果很快回蓝,说明 $K_2Cr_2O_7$ 与 KI 反应不完全。

(4) 无论在标定 $Na_2S_2O_4$ 溶液还是在测定铜盐含量时,都需要适当的酸度才能保证反应定量完成,酸度过大或过小都将引起副反应,反应在中性或弱酸性介质中进行为宜。

(5) 由于 Cu_2I_2 沉淀表面吸附 I_2,致使分析结果偏低。为了减少 Cu_2I_2 沉淀对 I_2 的吸附,在滴定过程中应充分振摇,或在大部分 I_2 被 Cu_2I_2 溶液滴定后,加入 KSCN(或 NH_4SCN),使 Cu_2I_2 沉淀转化为更难溶的 CuSCN 沉淀:

$$Cu_2I_2 + 2SCN^- \longrightarrow 2I^- + CuSCN$$

CuSCN 沉淀吸附 I_2 的倾向较小,因而可以提高测定结果的准确度。

六、思考题

(1) 配制 $Na_2S_2O_3$ 标准溶液时,为什么加 Na_2CO_3? 为什么用新煮沸放冷的蒸馏水?

(2) 用 $K_2Cr_2O_7$ 标定 $Na_2S_2O_3$ 标准溶液时,为什么要在暗处放置 10 min? 滴

定前为什么要稀释?

(3) 为什么在滴定至近终点时才加入淀粉指示剂? 过早加入对结果有何影响?

(4) 操作过程中加 HAc 的目的是什么? 胆矾含量测定实验能否在强酸性(或碱性)溶液中进行?

(5) I_2 易挥发,在操作过程中应如何防止 I_2 挥发所带来的误差?

(6) 碘量法进行滴定时,酸度和温度对滴定反应有何影响?

七、实验结果与讨论

(一) 实验结果

(1) $0.1 \, \text{mol} \cdot \text{L}^{-1} \, Na_2S_2O_3$ 标准溶液的标定:将实验结果填入表 11.1 中。

表 11.1

	试样 1	试样 2	试样 3
$K_2Cr_2O_7$ 的质量/g			
滴定前 $Na_2S_2O_3$ 液面读数/mL			
滴定后 $Na_2S_2O_3$ 液面读数/mL			
滴定消耗 $Na_2S_2O_3$ 溶液的体积/mL			
$Na_2S_2O_3$ 的浓度			
$Na_2S_2O_3$ 的平均浓度			

(2) 胆矾的含量测定:将实验结果填入表 11.2 中(要求准确写出计算公式)。

表 11.2

	试样 1	试样 2	试样 3
胆矾的质量/g			
滴定前 $Na_2S_2O_3$ 液面读数/mL			
滴定后 $Na_2S_2O_3$ 液面读数/mL			
滴定消耗 $Na_2S_2O_3$ 溶液的体积/mL			
胆矾的含量			
胆矾的平均含量			

（二）讨论

对实验结果进行讨论：

八、实验记录

实验十二 维生素 C 含量的测定

一、实验目的

（1）掌握滴定操作基本技能。

（2）掌握滴定终点的判断。

二、实验原理

用 I_2 标准溶液可以直接测定维生素 C 等一些还原性的物质。维生素 C 分子中含有还原性的二烯醇基，能被 I_2 定量氧化成二酮基，反应式如下：

$$C-C=C-C-C-CH_2OH + I_2 \longrightarrow C-C-C-C-C-CH_2OH + 2HI$$

由于反应速率较快，可以直接用 I_2 标准溶液滴定。通过消耗 I_2 溶液的体积及其浓度即可计算试样中维生素 C 的含量。直接碘量法可测定药片、注射液、蔬菜、水果中维生素 C 的含量。

三、仪器与试剂

仪器：分析天平，碘量瓶，研钵，棕色瓶，250 mL 锥形瓶，100 mL 量筒，10 mL 量筒，酸式滴定管，滴定基管架，25 mL 移液管。

试剂：$K_2Cr_2O_7$，KI，I_2，HCl 溶液，医用维生素 C 药片，2 mol·L^{-1} HAc 溶液，0.5% 淀粉指示剂，0.1 mol·L^{-1} $Na_2S_2O_3$ 标准溶液，0.1 mol·L^{-1} I_2 标准溶液。

四、实验内容

1. $0.1\ mol \cdot L^{-1}\ Na_2S_2O_3$ 标准溶液的标定

取在 120 ℃ 中干燥至恒重的基准 $K_2Cr_2O_7$ 0.12 g,精密称定,置于碘量瓶中,加蒸馏水 25 mL,使溶解。加 2 g KI,轻轻振摇使溶解,再加蒸馏水 25 mL、HCl 溶液(1:2)10 mL,塞紧,摇匀,封水。在暗处放置 10 min;取出,加蒸馏水 50 mL 稀释,用 $Na_2S_2O_3$ 标准溶液滴定至近终点,加入 0.5% 淀粉指示剂 2 mL,继续滴定至蓝色消失显亮绿色,即达终点,记下 $Na_2S_2O_3$ 标准溶液消耗的体积。平行测定三份。计算 $Na_2S_2O_4$ 标准溶液的浓度。

2. $0.05\ mol \cdot L^{-1}\ I_2$ 标准溶液的配制与标定

将 3.3 g I_2 与 5 g KI 置于研钵中,加入少量水(切不可多加!)在通风橱中研磨,待 I_2 全部溶解后,将溶液转入棕色瓶中,加水稀释至 250 mL,摇匀。用移液管移取 25.00 mL $Na_2S_2O_3$ 标准溶液于 250 mL 锥形瓶中,加 50 mL 水、5 mL 0.5% 淀粉指示剂,用 I_2 标准溶液滴定至稳定的蓝色,30 秒内不褪色即为终点。平行标定三次。

3. 维生素 C 含量的测定

准确称取约 0.2 g 维生素 C 片(研成粉末即用),置于 250 mL 锥形瓶中,加入 100 mL 新煮沸过并冷却的蒸馏水、10 mL 2 $mol \cdot L^{-1}$ HAc 溶液和 5 mL 0.5% 淀粉指示剂,立即用 I_2 标准溶液滴定至溶液显稳定的蓝色,30 秒内不褪色即为终点。平行滴定三次,计算维生素 C 的含量。

五、注意事项

(1) 由于维生素 C 的还原能力强而易被空气氧化,特别是在碱性溶液中更易被氧化,所以,在测定中须加入稀 HAc,使溶液保持足够的酸度,以减少副反应的发生。

(2) 溶解 I_2 时,应加入过量的 KI 及少量水研磨成糊状,使 I_2 完全生成 KI_3 后再稀释。否则,加水后 I_2 不再溶解。

(3) 称样前才将维生素 C 片研成粉末,称样后应立即溶解测定,以免维生素 C 被空气中的氧气氧化而损失。

(4) 必须用新煮沸过并冷却的蒸馏水溶解样品,目的是为了减少蒸馏水中的溶解氧。

六、思考题

(1) 溶解 I_2 时,加入过量 KI 的作用是什么?

(2) 测定维生素 C 的溶液中为什么要加入稀 HAc 溶液?

(3) 溶样时为什么要用新煮沸过并放冷的蒸馏水?

七、实验结果与讨论

(一) 实验结果

(1) $0.1 \ mol \cdot L^{-1} \ Na_2S_2O_3$ 标准溶液的标定:将实验结果填入表 12.1 中。

表 12.1

	试样 1	试样 2	试样 3
$K_2Cr_2O_7$ 的质量/g			
滴定前 $Na_2S_2O_3$ 液面读数/mL			
滴定后 $Na_2S_2O_3$ 液面读数/mL			
滴定消耗 $Na_2S_2O_3$ 溶液的体积/mL			
$Na_2S_2O_3$ 的浓度			
$Na_2S_2O_3$ 的平均浓度			

(2) $0.05 \ mol \cdot L^{-1} \ I_2$ 标准溶液的配制与标定:将实验结果填入表 12.2 中。

表 12.2

	试样 1	试样 2	试样 3
$Na_2S_2O_3$ 标准溶液的体积 mL			
滴定前 I_2 液面读数/mL			
滴定后 I_2 液面读数/mL			
滴定消耗 I_2 溶液的体积/mL			
I_2 的浓度			
I_2 的平均浓度			

(3) 维生素 C 含量的测定:将实验结果填入表 12.3 中。

表 12.3

	试样 1	试样 2	试样 3
维生素 C 的质量/g			
滴定前 I_2 液面读数/mL			
滴定后 I_2 液面读数/mL			
滴定消耗 I_2 溶液的体积/mL			
维生素 C 的含量			
维生素 C 的平均含量			

（二）讨论

对实验结果进行讨论：

八、实验记录

第三部分
有机化学实验

实验十三　有机化学实验安全教育与仪器认领、洗涤

一、学习目标

（1）掌握有机化学实验的基本操作技术，能以小量规模正确地进行制备试验和性质实验，具备分离和鉴定制备产品的能力。

（2）能写出合格的实验报告，初步具备查阅文献的能力。

（3）培养良好的实验工作方法和工作习惯，以及实事求是和严谨的科学态度。

二、有机化学实验室的一般知识

（一）有机化学实验室规则

为了保证有机化学实验正常进行，培养良好的实验方法，并保证实验室的安全，学生必须严格遵守有机化学实验室规则。

（1）切实做好实验前的准备工作。

（2）进入实验室时，应熟悉实验室灭火器材、急救药箱的放置地点和使用方法。

（3）实验时应遵守纪律，保持安静。

（4）遵从教师的指导，按照实验教材所规定的步骤、仪器及试剂的规格和用量进行实验。

（5）应经常保持实验室的整洁。

（6）爱护公共仪器和工具，应在指定地点使用，保持整洁。

（7）实验完毕离开实验室时，应把水、电和气开关关闭。

（二）有机化学实验室安全知识

由于有机化学实验室所用的药品多数是有毒、可燃、有腐蚀性或有爆炸性的，所用的仪器设备大部分是玻璃制品，故在实验室工作，若粗心大意，就易发生事故。因此必须认识到化学实验室是潜在危险场所，必须重视安全问题，提高警惕，严格

遵守操作规程,加强安全措施,避免事故的发生。

下面介绍实验室事故的预防和处理。

1．实验室事故的预防

（1）火灾性事故的原因

火灾性事故的发生具有普遍性,几乎所有的实验室都可能发生。酿成这类事故的直接原因是:

①忘记关电源,致使设备或用电器具通电时间过长,温度过高,引起着火。

②供电线路老化、超负荷运行,导致线路发热,引起着火。

③对易燃易爆物品操作不慎或保管不当,使火源接触易燃物质,引起着火。

④乱扔烟头,接触易燃物质,引起着火。

（2）爆炸性事故的原因

爆炸性事故多发生在具有易燃易爆物品和压力容器的实验室,酿成这类事故的直接原因是:

①违反操作规程使用设备、压力容器（如高压气瓶）而导致爆炸。

②设备老化,存在故障或缺陷,造成易燃易爆物品泄漏,遇火花而引起爆炸。

③易燃易爆物品处理不当,导致燃烧爆炸;该类物品（如三硝基甲苯、苦味酸、硝酸铵、叠氮化物等）受到高热摩擦、撞击、震动等外来因素的作用或其他性能相抵触的物质接触,就会发生剧烈的化学反应,产生大量的气体和高热,引起爆炸。

④强氧化剂与性质有抵触的物质混存能发生分解,引起燃烧和爆炸。由火灾事故发生引起仪器设备、药品等的爆炸。

（3）中毒性事故的原因

中毒性事故多发生在具有化学药品和剧毒物质的实验室和具有毒气排放的实验室。酿成这类事故的直接原因是:

①将食物带进有毒物的实验室,造成误食中毒。

②设备设施老化,存在故障或缺陷,造成有毒物质泄漏或有毒气体排放不出,酿成中毒。

③管理不善,操作不慎或违规操作,实验后有毒物质处理不当,造成有毒物品散落流失,引起人员中毒、环境污染。

④废水排放管路受阻或失修改道,造成有毒废水未经处理而流出,引起环境污染。

（4）触电伤人性事故的原因

触电伤人性事故多发生在有高速旋转或冲击运动的实验室,或要带电作业的实验室和一些有高温产生的实验室。事故表现和直接原因是:

①操作不当或缺少防护,造成挤压、甩脱和碰撞伤人。

②违反操作规程或因设备设施老化而存在故障和缺陷,造成漏电触电和电弧火花伤人。

③ 使用不当造成高温气体、液体对人的伤害。

2．事故的处理和急救

（1）火灾的处理

实验中一旦发生火灾切不可惊慌失措，应保持镇静。首先立即切断室内一切火源和电源，然后根据具体情况正确地进行抢救和灭火。常用的方法有：

① 在可燃液体燃着时，应立即拿开着火区域内的一切可燃物质，关闭通风器，防止扩大燃烧。

② 酒精及其他可溶于水的液体着火时，可用水灭火。

③ 汽油、乙醚、甲苯等有机溶剂着火时，应用石棉布或干砂扑灭。绝对不能用水，否则反而会扩大燃烧面积。

④ 金属钾、钠或锂着火时，绝对不能用水、泡沫灭火器、二氧化碳、四氯化碳等灭火，可用干砂、石墨粉扑灭。

⑤ 注意电器设备导线等着火时，不能用水及二氧化碳灭火器（泡沫灭火器），以免触电。应先切断电源，再用二氧化碳或四氯化碳灭火器灭火。

⑥ 衣服着火时，千万不要奔跑，应立即用石棉布或厚外衣盖熄，或者迅速脱下衣服，火势较大时，应卧地打滚以扑灭火焰。

⑦ 发现烘箱有异味或冒烟时，应迅速切断电源，使其慢慢降温，并准备好灭火器备用。千万不要急于打开烘箱门，以免突然供入空气助燃（爆），引起火灾。

⑧ 发生火灾时应注意保护现场。较大的着火事故应立即报警。若伤势较重，应立即送医院。

⑨ 熟悉实验室内灭火器材的位置和灭火器的使用方法。

发生火灾时要做到三会：

① 会报火警。

② 会使用消防设施扑救初起火灾。

③ 会自救逃生。

手提式干粉灭火器的使用方法：

① 先撕掉小铅块，拔出保险销。

② 再用一手压下压把后提起灭火器。

③ 另一手握住喷嘴，将干粉射流喷向燃烧区火焰根部即可。

（2）玻璃割伤的处理

一般轻伤应及时挤出污血，并用消过毒的镊子取出玻璃碎片，用蒸馏水洗净伤口，涂上碘酒，再用创可贴或绷带包扎；大伤口应立即用绷带扎紧伤口上部，使伤口停止流血，急送医院就诊。

（3）烫伤的处理

被火焰、蒸气、红热的玻璃、铁器等烫伤时，应立即将伤口处用大量水冲洗或浸泡，从而迅速降温避免温度烧伤。若起水泡则不宜挑破，应用纱布包扎后送医院治疗。对轻微烫伤,可在伤处涂些鱼肝油或烫伤油膏或万花油后包扎。若皮肤起泡(二级灼伤),不要弄破水泡,防止感染;若伤处皮肤呈棕色或黑色(三级灼伤),应用干燥而无菌的消毒纱布轻轻包扎好,急送医院治疗。

(4) 被酸、碱或酚液灼伤的处理

① 皮肤被酸灼伤要立即用大量流动清水冲洗(皮肤被浓硫酸沾污时切忌先用水冲洗,以免硫酸水合时强烈放热而加重伤势,应先用干抹布吸去浓硫酸,然后再用清水冲洗),彻底冲洗后可用2%～5%的碳酸氢钠溶液或肥皂水进行中和,最后用水冲洗,涂上药品凡士林。

② 碱液灼伤要立即用大量流动清水冲洗,再用2%醋酸洗或3%硼酸溶液进一步冲洗,最后用水冲洗,再涂上药品凡士林。

③ 酚灼伤时立即用30%酒精揩洗数遍,再用大量清水冲洗干净而后用硫酸钠饱和溶液湿敷4～6小时,由于酚用水按1∶1或2∶1冲淡浓度时,瞬间可使皮肤损伤加重而增加酚吸收,故不可先用水冲洗污染面。

受上述灼伤后,若创面起水泡,均不宜把水泡挑破。重伤者经初步处理后,急送医务室。

(5) 酸液、碱液或其他异物溅入眼中的处理

① 酸液溅入眼中,立即用大量水冲洗,再用1%碳酸氢钠溶液冲洗。

② 若为碱液,立即用大量水冲洗,再用1%硼酸溶液冲洗。洗眼时要保持眼皮张开,可由他人帮助翻开眼睑,持续冲洗15分钟。重伤者经初步处理后立即送医院治疗。

③ 若为木屑、尘粒等异物,可由他人翻开眼睑,用消毒棉签轻轻取出异物,或任其流泪,待异物排出后,再滴入几滴鱼肝油。玻璃屑进入眼睛内是比较危险的,这时要尽量保持平静,绝不可用手揉擦,也不要让别人翻眼睑,尽量不要转动眼球,可任其流泪,有时碎屑会随泪水流出。用纱布轻轻包住眼睛后,立即将伤者急送医院处理。

(6) 强酸强碱性腐蚀毒物中毒的处理

先饮大量的水,再服用氢氧化铝膏、鸡蛋白;对于强碱性毒物,最好要先饮大量的水,然后服用醋、酸果汁、鸡蛋白。不论是酸还是碱中毒都需灌注牛奶,不要服用呕吐剂。

(7) 水银中毒的处理

水银容易由呼吸道进入人体,也可以经皮肤直接吸收而引起积累性中毒。严重中毒的征象是口中有金属气味,呼出气体也有气味;流唾液,牙床及嘴唇上有黑色的硫化汞;淋巴结及唾液腺肿大。若不慎中毒,应送医院急救。急性中毒时,通常用碳粉或呕吐剂彻底洗胃,或者食入蛋白(如1 L牛奶加3个鸡蛋清)或蓖麻油解毒并使之呕吐。

3. 急救用具

医药箱专供急救用,不允许随便挪动,平时不得动用其中器具。医药箱内一般有下列急救药品和器具:

① 医用酒精、碘酒、红药水、紫药水、止血粉、凡士林、烫伤油膏(或万花油)、1%硼酸溶液或2%醋酸溶液、1%碳酸氢钠溶液等。

② 医用镊子、剪刀、纱布、药棉、棉签、创可贴、绷带等。

(三) 有机化学实验室常用仪器和装置

1. 常用仪器

有机化学实验室常用仪器如图 13.1 所示。

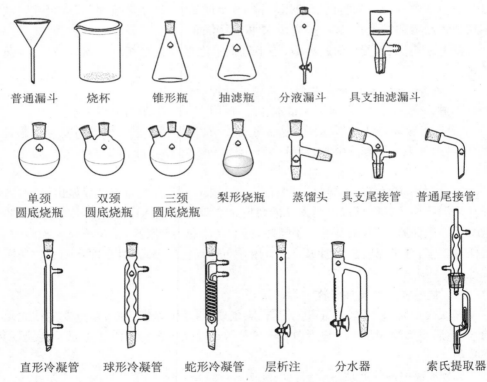

普通漏斗　　烧杯　　锥形瓶　　抽滤瓶　　分液漏斗　　具支抽滤漏斗

单颈　　双颈　　三颈　　梨形烧瓶　　蒸馏头　　具支尾接管　　普通尾接管
圆底烧瓶　圆底烧瓶　圆底烧瓶

直形冷凝管　　球形冷凝管　　蛇形冷凝管　　层析注　　分水器　　索氏提取器

图 13.1　有机化学实验室常用仪器

2. 常用装置

有机化学实验室常用装置如图 13.2 所示。

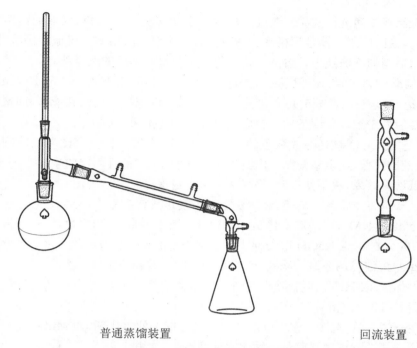

普通蒸馏装置   回流装置

图13.2 有机化学实验室常用装置

（四）常用玻璃器皿的洗涤和干燥

1. 玻璃器皿的洗涤

化学实验室经常使用玻璃仪器。用洁净的仪器进行实验是保证实验得到预期结果的前提条件,但不同实验对洁净的要求标准不同,应当根据实验的需要、污物的性质和仪器的形状特征等选择适当的洗涤剂和洗涤方法。

附着在玻璃仪器上的污物通常有可溶性物质和尘土、油污等其他水不溶性物质。洗涤前应根据实验的要求、污物的性质和仪器被污染的程度等选择合适的洗涤剂和洗涤方法,实现洗净仪器的目的。

（1）用水刷洗

通过用水冲洗的方法洗去水溶性物质。这种方法通常适用于刚刚使用完,且只黏附有水溶性物质的玻璃仪器。

（2）用去污粉或合成洗涤剂刷洗

通过粘有去污粉的毛刷进行洗涤。由于去污粉中含有碳酸钠,它和合成洗涤剂一样,都能够除去仪器上非水溶性的油迹和污渍。去污粉中还含有白土和石英砂,刷洗时起摩擦作用,使洗涤的效果更好。经过去污粉或合成洗涤剂洗刷过的仪器,要用自来水冲洗,以除去附着在仪器上的白土、石英砂及洗涤剂。

（3）用洗涤液洗

用洗涤液浸泡进行洗涤。在进行精确的定量实验时，或因对仪器的洁净程度要求更高，或因所用仪器容积精确、形状特殊，不能或无法用刷子机械地刷洗，这时就要选用适当的洗涤液进行清洗。普通化学实验室中常用的洗涤液有：

① 铬酸洗液。将 $5\sim10$ g $K_2Cr_2O_7$（粗）用少量水润湿，加入 100 mL 浓 H_2SO_4，边加边搅拌，必要时可稍加热促使其溶解，得到棕红色油状液体，即铬酸洗液。冷却后贮于细口瓶中备用。铬酸洗液是一种酸性很强的强氧化剂，在使用过程中，红色 $K_2Cr_2O_7$ 被还原成绿色的 Cr^{3+} 离子，失去氧化性。因此当洗液颜色变绿时，洗液即失效，应重新配制。因洗液中含浓 H_2SO_4，能强烈吸收空气中的水分，从而降低洗涤效果，故不使用时，铬酸洗液应密封保存。

注 六价铬严重污染环境，故润洗用的洗液应放回原瓶中，并尽量使之流尽。

② NaOH-$KMnO_4$ 洗液。将 10 g $KMnO_4$ 溶于少量水中，在搅拌下，慢慢向其中注入 100 mL 10% NaOH 溶液即成。它用于洗涤油脂及有机物。洗后留在器壁上的 MnO_2 沉淀可用还原性洗液（如浓 HCl、$H_2C_2O_4$ 或 Na_2SO_3 溶液）除去。

③ 酒精与浓 HNO_3 混合液。它适于清洗滴定管。使用时先在滴定管中加入 3 mL 酒精，再加入 4 mL 浓 HNO_3 即成。

④ 浓 HCl（粗）洗液。它可以洗去附着在器壁上的氧化剂（如 MnO_2）。

使用洗液洗涤玻璃器皿是一种化学处理方法，这里只介绍了 4 种洗液，而实际问题可能是多种多样的，如盛过奈斯勒试剂的瓶子常有碘附着在瓶壁上，用上述几种洗液均很难洗净，这时可用 1 mol·L^{-1} KI 溶液洗涤效果较好。总之，选用洗液要有针对性，要根据具体条件，充分运用已有的化学知识来处理实际问题。

用洗液洗涤仪器时，先往仪器内加少量洗液（其用量约为仪器总容量的 1/5）。然后将仪器倾斜并慢慢转动，使仪器的内壁全部为洗液润湿，这样反复操作，最后把洗液倒回原来瓶内，再用水把残留在仪器上的洗液洗去。如果用洗液把仪器浸泡一段时间或者用热的洗液洗，则效率更高。

使用洗液时，必须注意以下几点：

① 使用洗液前，应先用水刷洗仪器，尽量除去其中的污物。

② 应该尽量把仪器内残留的水倒掉，以免水把洗液稀释。

③ 有些洗液（如铬酸洗液）用后应倒回原来的瓶内，可以重复使用多次。

④ 多数洗液具有很强的腐蚀性，会灼伤皮肤和破坏衣物。如果不慎把洗液洒在皮肤、衣物和实验桌上，应立即用水冲洗。

⑤ 六价铬严重污染环境，清洗残留在仪器上的铬酸洗液时，第 $1\sim2$ 遍的洗涤水不要倒入下水道，应回收到指定容器中统一处理。

用以上各种方法洗涤后的仪器，经自来水冲洗后，往往还残留有 Ca^{2+}、Mg^{2+}、Cl^- 等离子，如果这些离子的存在干扰实验结果，则应该用去离子水把它们洗去。用去离子水洗涤时，应遵循"少量多次"的基本原则，这样即保证了高洗涤效率，又节约了水资源。

已洗净仪器的器壁上不应附着有不溶物或油污。对于定量分析实验和离子检出实验,仪器的器壁应该可以被水润湿。如果把水加到仪器上,再把仪器倒转过来,水会顺着器壁流下,器壁上只留下一层既薄又均匀的水膜,并无水珠附在上面,这样的洗涤效果才能满足相应实验的需要。

2. 玻璃仪器的干燥

洗净的仪器如需干燥可采用以下方法:

(1) 烘干

洗净的仪器可以放在电热干燥箱(也叫烘箱)内干燥,但放进去之前应尽量把水倒净。放置仪器时,应注意使仪器的口朝下(倒置后不稳的仪器则应平放)。可以在电热干燥箱的最下层放一个搪瓷盘,以接收从仪器上滴下的水珠,防止水滴到电炉丝上,以免损坏电炉丝。

(2) 烤干

烧杯和蒸发皿等可以放在石棉网上用小火烤干。试管可以直接用小火烤干。操作时,用试管夹夹住试管,管口向下略为倾斜,并不时地来回移动试管,把水珠赶掉。最后,烤到不见水珠时,使管口朝上继续烘烤一会儿,以便把水气赶尽。

某些大口浅容器,如结晶皿,也可放在红外灯下烤干。

(3) 晾干

洗净的仪器可倒置在干净的实验柜内(倒置后不稳定的仪器如量筒等,则应平放)或仪器架上晾干。

(4) 吹干

用气流烘干器或吹风机把仪器吹干。此种干燥方法(特别是对小口容器)比烘箱法干燥效率更高。把洗净的玻璃容器(尽量控干水分)套在气流烘干器的出气管口,打开气流烘干器的风扇开关,再打开加热开关,几分钟内即可将容器吹干。

(5) 用有机溶剂干燥

有些有机溶剂可以和水互相混溶,并形成沸点较低的共沸溶液,利用这个特点,可用有机溶剂带走仪器中的水分,实现干燥的目的。最常用的溶剂是酒精和丙酮。在仪器内加入少量酒精或丙酮,把仪器倾斜,转动仪器,器壁上的水即与酒精或丙酮混合,然后将溶剂倒出。仪器内的剩余溶剂挥发后仪器即干燥。

带有刻度的计量仪器不能加热,因为加热会影响这些仪器的精密度。常用晾干或有机溶剂干燥的方法进行干燥。但应注意,移液管、滴定管、容量瓶等定量分析仪器不能使用溶剂法进行干燥,因为这会使容器产生严重的挂壁现象,影响实验结果。

若用布或纸擦干仪器,会将纤维附着在器壁上而将洗净的仪器弄脏,所以不应采用这一方法。

三、有机化学实验须知

（1）学生要提前 5 min 进入实验室，实验时必须穿统一的实验服。

（2）实验前必须写好预习报告，预习报告不合格不允许做实验。做实验时只能看预习报告，不能看实验教材。

（3）实验时必须听从实验教师的指导，不听从指导者，教师有权停止其实验，本次实验按不及格论处。

（4）学生不能自己擅自决定重做实验，否则本次实验按不及格论处。

（5）实验中不得有任何作弊行为，否则本课程按不及格论处。

（6）实验预习、实验记录和实验报告的基本要求：

学生在本课程开始时，必须认真地学习有机化学实验的一般知识，在每个实验前，必须做好预习，并在实验时填写实验记录和撰写实验报告。

四、思考题

什么情况下使用水浴蒸馏？水浴蒸馏有哪些优点？

实验十四　普通蒸馏和重结晶

一、实验目的

(1) 掌握普通蒸馏和重结晶的原理和装置。
(2) 掌握普通蒸馏和重结晶的装置组装要点及操作要点。

二、实验原理

1. 普通蒸馏

将液体加热,它的蒸汽压就随温度升高而增大。当液体的蒸汽压增大到与外界施加于液面的总压力相等时,就有大量的气泡从液体内部逸出,即液体沸腾。此时的温度称为液体的沸点。此时的蒸汽压称为饱和蒸汽压。显然,沸点与所承受的外界压力的大小有关。蒸汽压的度量一般以帕斯卡(帕,Pa)来表示。通常说的沸点是指在 1.013×10^5 Pa 的压力下液体沸腾的温度。例如,水的沸点是 100 ℃,即是指在一个大气压下,水在 100 ℃时沸腾。在其他压力下的沸点应注明压力,例如在 8.50×10^4 Pa 时,水的沸点为 95 ℃。这时水的沸点可以表示为 95 ℃/8.50×10^4 Pa。纯粹的液体有机化合物在一定压力下具有一定的沸点,不纯物质的沸点则要取决于杂质的物理性质以及它和纯物质间的相互作用。假如杂质是不挥发的,则溶液的沸腾温度比纯物质的沸点略有提高,若杂质是挥发性的,则蒸馏时液体的沸点会逐渐上升;或者由于两种或多种物质组成了共沸混合物,在蒸馏过程中温度可保持不变,停留在某一范围内(这样的混合物用一般的蒸馏方法无法分离)。很明显,通过蒸馏可将易挥发的物质和不挥发的物质分离开来,也可将沸点不同的液体混合物分离开来。但对于简单蒸馏,液体混合物各组分的沸点必须相差很大(至少 30 ℃以上)才能得到较好的分离效果。

2. 结晶

结晶是分离纯化的一种有效方法,是一个最普通的化学工艺过程。制造各种生化产品都与结晶有关,如在抗生素中,除链霉素和新霉素等少数品种是由浓缩液喷雾干燥制成的产品外,其他一些重要抗生素的生产,一般都包含有结晶过程。固体物质按照形状分为晶体和无定形两种状态,食盐、蔗糖都是晶体,而木炭、橡胶、蛋白质等都为无定形态。晶体物质与无定形物质的区别在于它们的构成单位分子、原子和离子的排列方式互不相同,前者是有规则的,后者为无规则的。因此在一定的压力下,晶体具有一定的熔化温度(熔点)和固定的几何形状,在物理性质方面又往往具有各向异性的现象。无定形物质则不具备这些特征。当有效成分从液相中变成固相析出时,如若条件控制不同,可以得到不同形状的晶体,也可能是无定形物质。按照通常习惯,将得到的晶形物质的过程称为结晶,而得到无定形物质的过程称为沉淀。沉淀和结晶在本质上是一致的,都是新相形成的过程。由于结晶是同类分子或离子的规则排列,故结晶过程具有高度的选择性,析出的晶体纯度较高,同时所用的设备简单,操作方便,所以成本也较低,在分离和纯化生化物质中得到了广泛的应用。

3. 重结晶

当第一次得到的晶体纯度不合要求时,可以重新进行结晶处理,得到浓度较高的结晶,这种操作称为重结晶。根据对物质纯度的要求,可以进行多次结晶。重结晶是提纯固体化合物的一种重要方法,它适用于产品与杂质性质差别较大,产品中杂质含量小于5%的体系,所以从反应粗产物中直接结晶是不适宜的,必须先采用其他方法进行初步提纯,例如萃取、水蒸气蒸馏、减压蒸馏等,然后再用重结晶提纯。

三、仪器与试剂

仪器:烧杯(1000 mL),圆底烧瓶(250 mL),量筒(100 mL),蒸馏头,温度计(200 ℃),直形冷凝管,尾接管,锥形瓶(100 mL),循环水真空泵,抽滤瓶,布氏漏斗,烧杯,电热套,玻璃棒,滤纸。

试剂及其他:75%工业乙醇,苯甲酸(粗品),蒸馏水,沸石,活性炭。

四、实验步骤

(一)普通蒸馏(水浴蒸馏)

(1)加料:量取100 mL工业乙醇并将其慢慢倒入250 mL圆底烧瓶中,加入沸石数颗,然后按图14.1组装实验装置。

(2)加热:先开通冷凝水。开始加热时,水温可适当调高,一旦液体沸腾,水银球处出现液滴,可以适当调节水浴温度,蒸馏速度以每秒1~2滴为宜。

(3)馏分的收集:前馏分蒸完,温度稳定后,换一个接收容器来接收正馏分,当温度超过沸程范围时,停止接收。

（4）停止蒸馏：馏分蒸完后，应先停止加热。待稍冷却后馏出物不再继续流出时，取下接收瓶产物，关掉冷凝水，拆除仪器并清洗。

（5）计算乙醇蒸馏回收率。

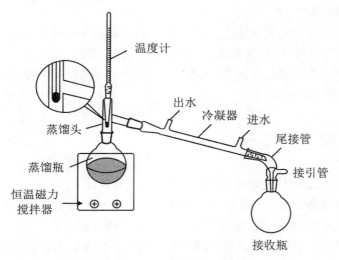

温度计
出水
冷凝器
进水
尾接管
蒸馏头
蒸馏瓶
接引管
恒温磁力
搅拌器
接收瓶

图 14.1　普通蒸馏装置图

（二）苯甲酸的重结晶

（1）称取 2 g 苯甲酸，放入 250 mL 烧杯中，加入 100 mL 水，加热至沸腾，若还未溶解可适量加入热水，搅拌，加热至沸腾。

（2）稍冷后，加入适量的活性炭于溶液中，继续加热煮沸并不断搅拌，连续约 5 min。然后趁热过滤，滤液要澄清。如果一次脱色不够理想，可用新的活性炭再脱色一次。

（3）将滤液放入冰水中结晶，抽滤，将所得结晶压平，再次抽滤。滤饼在 60 ℃ 条件下干燥 10 min，称量产品质量，计算产率。

（4）计算苯甲酸重结晶产率。

五、注意事项

（1）蒸馏装置安装顺序：从下到上，由左到右。

（2）温度计水银球上沿与蒸馏头支管下沿在同一水平线上，常压蒸馏装置不需密封。

（3）蒸馏装置拆卸顺序：先关电，后关水，从右到左，由上到下。

（4）在试验中加入活性炭的目的是脱色和吸附作用。但不能加入太多，否则会吸附产品。亦不能在沸腾的时候加入,以免溶液暴沸而从容器中冲出。

(5) 滤纸不应大于布氏漏斗的底面。

(6) 在热过滤时,整个操作过程要迅速,否则漏斗一凉,结晶会在滤纸上和漏斗颈部析出,操作将无法进行。

(7) 洗涤用的溶剂量应尽量少,以避免晶体大量溶解损失。

(8) 减压结束时,应该先通大气,再关泵,以防止倒吸。停止抽滤时先将抽滤瓶与抽滤泵间连接的橡皮管拆开,或者将安全瓶上的活塞打开与大气相通,再关闭泵,防止水倒流入抽滤瓶内。

六、思考题

(1) 沸石在蒸馏中的作用是什么? 为什么有此作用?

(2) 蒸馏时瓶中加入的液体为什么要控制在其容积的 2/3 和 1/3 之间?

(3) 使用布氏漏斗过滤时,如果滤纸大于漏斗瓷孔面,有什么不好?

(4) 用活性炭脱色为什么要待固体完全溶解后加入? 为什么不能在溶液沸腾时加入?

七、物理常数

查找资料,填写表 14.1。

表 14.1

品名	性状	分子量	熔点	沸点	相对密度	折光率	溶解度
乙醇							
苯甲酸							

八、实验结果与讨论

(一) 实验结果

根据实验按以下公式计算两种物质的产率:

$$乙醇蒸馏回收率 = \frac{回收量}{取样量} \times 100\%$$

$$= \underline{\hspace{4cm}}$$

$$苯甲酸重结晶产率 = \frac{回收量}{取样量} \times 100\%$$

$$= \underline{\hspace{4cm}}$$

（二）讨论

对上述得到的结果进行讨论：

九、实验记录

实验十五　液液萃取分离对甲苯胺混合物

一、实验目的

(1) 掌握萃取的原理和装置。
(2) 掌握萃取的仪器设备及操作要点。
(3) 复习重结晶操作。

二、实验原理

萃取是有机化学实验中用来提取或纯化有机化合物的常用操作之一,是设法将溶解于某一液相的物质转移到另一液相中。应用萃取可以从固体或液体混合物中提取出所需要的物质,也可以用于洗去混合物中的少量杂质。通常称前者为"抽提"或"萃取",后者为"洗涤"。

液液萃取常用的仪器是分液漏斗。使用前应先检查下口活塞和上口活塞是否有漏液现象。在活塞处涂少量凡士林,旋转几圈将凡士林涂均匀。在分液漏斗中加入一定量的水,将上口塞子盖好,上下摇动分液漏斗中的水,检查是否漏水。确定不漏水后再使用。

步骤:将待萃取的原溶液倒入分液漏斗中,再加入萃取剂,将塞子塞紧,用右手的拇指和中指拿住分液漏斗,食指压住上口塞子,左手的食指和中指压住下口管,同时,食指和拇指控制活塞。然后将漏斗放平,前后摇动或做圆周运动,使液体振摇起来,两相充分接触(图 15.1)。在振摇的过程中应注意不断放气以免萃取或洗涤时内部压力过大,造成漏斗的塞子被顶开,使液体喷出,严重时会造成漏斗爆炸,造成伤人事故。放气时,将漏斗的下口向上倾斜,使液体集中在漏斗的上部,用控制活塞的拇指和食指打开活塞放气,注意不要对着人,一般振动两三次就放气一次。经几次振摇放气后,将漏斗放在铁架台的铁圈上,将塞子上的小槽对准漏斗上的通气孔,静止 3～5 min。待液体分层后将萃取相倒出,接收在一个干燥的锥形瓶中,萃余相再加入新萃取剂继续萃取。重复以上操作过程,萃取完后,合并萃取相,再加入干燥剂进行干燥。干燥后,先将低沸点的物质和萃取剂用简单蒸馏的方法蒸出,然后视产品的性质选择合适的纯化手段。

液体分层后应正确判断萃取相和萃余相,一般根据两相的密度来确定,密度大的在下面,密度小的在上面。如果一时判断不清,应将两相分别保存起来,待弄清后,再弃掉不要的液体。

(a)   (b)

图 15.1　分馏漏斗的振摇

需要分离的三种物质都是有机物,它们都能溶于乙酸乙酯,在水中的溶解度都很小。对甲苯胺具有碱性,苯甲酸具有酸性,萘呈中性。因此,可先将三种物质的固体溶于乙酸乙酯,然后分别用盐酸萃取对甲苯胺,用氢氧化钠的水溶液萃取苯甲酸,而萘留在石油醚中。反应式如下:

$$\text{（苯环）}-COOH + NaOH \longrightarrow \text{（苯环）}-COONa + H_2O$$

$$H_3C-\text{（苯环）}-NH_2 + HCl \longrightarrow H_3C-\text{（苯环）}-N^+H_3Cl^-$$

三、仪器与试剂

仪器:烧杯(1000 mL),圆底烧瓶(250 mL,2 个),量筒(100 mL),蒸馏头,温度计(200 ℃),球形冷凝管,尾接管,分液漏斗,锥形瓶(100 mL,磨口加塞),循环水真空泵,旋转蒸发仪,抽滤瓶,布氏漏斗,烧杯,电热套,玻璃棒,滤纸,活性炭。

试剂:对甲苯胺,萘,苯甲酸,乙酸乙酯,10% HCl 溶液,5% NaOH 溶液,氯化钠,蒸馏水。

四、实验步骤

(1) 分别称取对甲苯胺、苯甲酸、萘各 2 g,置于 250 mL 圆底烧瓶中,加入 60 mL 乙酸乙酯,搅拌使固体完全溶解。

(2) 上述乙酸乙酯溶液倒入 250 mL 的分液漏斗中,然后依次用 20 mL 10% HCl 溶液萃取三次,合并萃取酸液。并将酸液置于 250 mL 的分液漏斗中,分别用 15 mL 乙酸乙酯萃取两次,萃取得到的乙酸乙酯溶液与上述乙酸乙酯溶液合并,萃取所得的酸液倒入烧杯中,并慢慢加入 5% NaOH 溶液中和至碱性,抽滤得对甲苯胺。60 ℃干燥。

（3）上述乙酸乙酯溶液分别用 20 mL 5% NaOH 溶液萃取三次,合并碱萃取液,并将其倒入 250 mL 的分液漏斗中,分别用 15 mL 乙酸乙酯萃取碱液两次,萃取的乙酸乙酯溶液与上述乙酸乙酯溶液合并。所得的碱液用 10% HCl 溶液中和至酸性,抽滤得苯甲酸。60 ℃ 干燥。

（4）上述乙酸乙酯溶液分别用 20 mL 饱和氯化钠溶液洗涤两次,然后用蒸馏水洗涤至中性。将乙酸乙酯溶液移入 250 mL 圆底烧瓶中,利用旋转蒸发仪除去溶剂即得萘(图 15.2)。

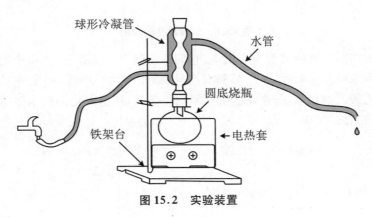

图 15.2　实验装置

五、注意事项

（1）酸的水溶液中总是溶解一些苯甲酸,故用乙酸乙酯萃取酸液。如省去此步,则损失少量的苯甲酸。

（2）趁热抽滤时,注意避免烫伤。

（3）抽滤前先连接橡皮管,抽滤后先拔掉橡皮管。

（4）液体分层后,上层溶液从上口倒出,下层液体从下口活塞放出,以免污染药品。

（5）实验步骤(4)中,盛取乙酸乙酯溶液进行旋蒸的圆底烧瓶必须先称量质量,并做好记录。

六、思考题

（1）用分液漏斗萃取时,为什么要放气?

（2）用分液漏斗分离两相溶液时,应如何分离? 为什么?

七、物理常数

查找资料并结合实验,填写表 15.1。

表 15.1

品名	性状	分子量	熔点	沸点	相对密度	折光率	溶解度
对甲苯胺							
苯甲酸							
萘							
石油醚							

八、实验结果与讨论

(一)实验结果

根据实验,按下式计算回收率并填入表 15.2 中:

$$萃取回收率 = \frac{回收量}{样品总量} \times 100\%$$

表 15.2

品名	对甲苯胺	苯甲酸	萘
回收率			

(二)讨论

对以上结果进行讨论:

九、实验记录

实验十六　水蒸气蒸馏分离肉桂醛

一、实验目的

(1) 掌握水蒸气蒸馏的原理,了解水蒸气蒸馏的使用范围、被提纯物质应具备的条件。

(2) 熟练掌握水蒸气蒸馏的实验操作技能。

(3) 复习普通蒸馏和萃取操作。

二、实验原理

当对一个互不相容的挥发性混合物(非均相共沸混合物)进行蒸馏时,在一定温度下,每种液体将显示其各自的蒸气压,而不被另一种液体所影响,它们各自的分压只与各自物质的饱和蒸气压有关,即 $p_A = p_{A^0}$, $p_B = p_{B^0}$,而与各组分的摩尔分数有关,其总压为各分压之和,即:

$$p_总 = p_A + p_B = p_{A^0} + p_{B^0}$$

由此可以看出,混合物的沸点要比其中任何单一组分的沸点都低。在常压下用水蒸气(或水)作为其中的一相,能在低于 100 ℃ 的情况下将高沸点的组分与水一起蒸出来。综上所述,一个由不混溶液体组成的混合物将在比它的任何单一组分(作为纯混合物时)的沸点都要低的温度下沸腾,用水蒸气(或水)充当这种不混溶相之一所进行的蒸馏操作称为水蒸气蒸馏。

水蒸气蒸馏是纯化分离有机化合物的重要方法之一。此法常用于以下情况:

(1) 混合物中含有树脂状杂质或不挥发杂质,蒸馏、萃取等方法难以分离。

(2) 在常压下普通蒸馏会发生分解的高沸点有机物。

(3) 脱附混合物中被固体吸附的液体有机物。

(4) 除去易挥发的有机物。

运用水蒸气蒸馏时,被提纯物质应具备以下条件:

(1) 不溶或难溶于水。

(2) 在沸腾下不与水发生反应。

(3) 在 100 ℃ 左右时,必须具有一定的蒸气压(一般不少于 1.333 kPa)。

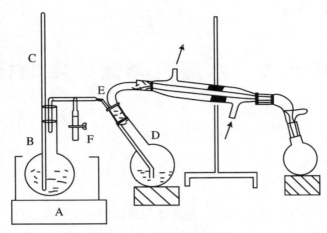

图 16.1　水蒸气蒸馏装置

A. 电热套;B. 水蒸气发生器;C. 安全管;D. 蒸馏瓶;E. 蒸汽导管;F. 螺旋夹。

在图 16.1 中,A 是电热套,B 是水蒸气发生器,通常其盛水量以其容积的 3/4 为宜。C 为安全管,管的下端接近蒸汽发生器的底部。当容器内气压太大时,水可沿着玻璃管上升,以调节内压。如果系统发生阻塞,水便会从管子上口冲出,此时应检查圆底烧瓶内的蒸汽导管下口是否阻塞。D 为蒸馏瓶,通常采用三口烧瓶或长颈蒸馏瓶,瓶内液体不宜超过容积的 1/3。为了使蒸汽不至于在 D 中冷凝而积聚过多,可在 D 下用酒精灯加热,但要控制加热速度以使蒸馏出来的馏分能在冷凝管内完全冷却。E 为蒸汽导管。F 为 T 形管下端胶皮管上的螺旋夹(蝴蝶夹),用于及时除去冷凝下来的水滴。接收瓶前面一般加冷凝水冷却。

三、仪器与试剂

仪器:电热套,长颈圆底烧瓶,玻璃导管,三口烧瓶,弯管接头,直形冷凝管,尾接管,分液漏斗,圆底烧瓶,蒸馏头,温度计,接收瓶。

试剂:肉桂粉,乙酸乙酯,蒸馏水,沸石。

四、实验内容

(1) 在蒸汽发生器中加入 3/4 的水,2～3 粒沸石,在三口烧瓶中加入肉桂粉 5 g 和 30 mL 蒸馏水,然后按照装置图安装仪器,开启冷凝水,加热水蒸气发生器至沸腾。

(2) 当有水蒸气从 T 形管的支管中冲出时,夹紧蝴蝶夹,让蒸汽进入烧瓶中。调节冷凝水,防止冷凝水中有固体析出,使馏分保持液态。控制馏出液滴速在每秒

2～3 滴。

（3）当馏出液澄清透明不再含有有机物油滴时（在通冷凝水的情况下），可停止蒸馏。先打开蝴蝶夹，通大气，然后停止加热（否则烧瓶中液体会倒吸进入水蒸气发生器中）。

（4）将分离得到的馏出液倒入分液漏斗中，分别用 20 mL 乙酸乙酯萃取三次，合并萃取液。

（5）利用旋转蒸发仪回收乙酸乙酯，收集肉桂醛并计算产量。

五、注意事项

（1）在蒸馏时要随时注意安全管的水柱是否发生不正常的上升现象以及烧瓶中的液体发生倒吸现象，一旦发生这种现象，应立即关闭火源，排除故障后，方可继续蒸馏。

（2）蒸馏过程中，要随时放掉 T 形管中积满的水。

（3）水浴蒸馏前，先称量干燥空烧瓶的质量。

（4）旋蒸用的圆底烧瓶应干燥，称重，记录数据。

六、思考题

（1）水蒸气蒸馏时，如何判断有机物已完全蒸出？

（2）水蒸气蒸馏时，随着蒸汽的导入，蒸馏瓶中液体越积越多，以致有时液体冲入冷凝器中，如何避免这一现象？

（3）今有硝基苯、苯胺混合液体，能否利用化学方法及水蒸气蒸馏的方法将两者分离？

（4）如何称量产物（肉桂醛）的质量？

七、原料及主副产物的物理性质

查找资料并结合实验，填写表 16.1。

表 16.1

品名	性状	分子量	熔点	沸点	相对密度	折光率	溶解度
乙酸乙酯							
肉桂醛							

八、实验结果与讨论

（一）实验结果

根据实验按下式计算产率：

$$产率 = \frac{回收量}{取样量} \times 100\%$$

$$= \underline{\hspace{4cm}}$$

（二）讨论

对实验结果进行讨论：

九、实验记录

实验十七　乙酸乙酯的合成和蒸馏

一、实验目的

（1）熟练掌握有机酸合成酯的一般原理及方法。
（2）复习普通蒸馏、分液漏斗的使用等操作。

二、实验原理

主反应：

$$CH_3COOH + CH_3CH_2OH \underset{\triangle}{\overset{\text{浓 } H_2SO_4}{\rightleftharpoons}} CH_3COOCH_2CH_3 + H_2O$$

副反应：

$$CH_3CH_2OH \xrightarrow[170\,℃]{\text{浓 } H_2SO_4} CH_2{=}CH_2 + H_2O$$

$$2CH_3CH_2OH \xrightarrow[140\,℃]{\text{浓 } H_2SO_4} (CH_3CH_2)_2O + H_2O$$

三、仪器与试剂

仪器：烧杯（1000 mL），三口圆底烧瓶（250 mL 个），量筒（100 mL），蒸馏头，温度计（200 ℃），球形冷凝管，尾接管，分液漏斗，锥形瓶（100 mL，磨口加塞），烧杯，电热套，玻璃棒，滤纸，活性炭。

试剂：无水乙醇，冰醋酸，浓硫酸，饱和碳酸钠溶液，饱和氯化钠溶液，无水氯化钙，pH 试纸，沸石。

四、实验步骤

（1）在 250 mL 的烧杯中加入 50 mL 无水乙醇和 30 mL 冰醋酸，再小心加入 5 mL 浓硫酸，混匀后，将混合溶液倒入 250 mL 的三口圆底烧瓶中，并加入沸石，然后按图 17.1 所示，安装冷凝管。

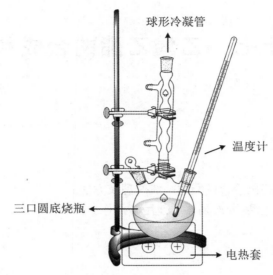

图 17.1　实验装置

（2）小心加热反应瓶，并保持回流 1 h，待瓶中反应物冷却后，将回流装置改成普通蒸馏装置，接收瓶用冷水冷却。加热蒸出乙酸乙酯，直到馏出液体积约为反应物总体积的 1/2 为止。

（3）在馏出液中缓慢加入适量饱和碳酸钠溶液，并不断振荡，直到不再产生气体为止（pH 试纸不呈酸性），然后将混合液转入分液漏斗中，分去水层。

（4）用等量的饱和氯化钠溶液振荡洗涤，分去水层；将有机层倒入三角瓶中，并加入适量无水氯化钙干燥。

（5）将干燥后的溶液进行水浴蒸馏，收集 73～78 ℃ 的馏分。

五、注意事项

（1）加硫酸时要缓慢加入，边加边振荡。

（2）洗涤时注意放气，有机层用饱和氯化钠溶液洗涤后，尽量将水相分干净。

（3）用 $CaCl_2$ 溶液洗之前，一定要先用饱和氯化钠溶液洗，否则会产生沉淀，给分液带来困难。

六、思考题

（1）蒸出的粗乙酸乙酯中主要有哪些杂质？如何除去？

（2）能否用氢氧化钠溶液代替饱和碳酸钠溶液来洗涤？为什么？

七、物理常数

查找资料并结合实验，填写表 17.1。

表 17.1

品名	性状	分子量	熔点	沸点	相对密度	折光率	溶解度（100 ℃）
乙醇							
乙酸							
乙酸乙酯							
浓硫酸							
石油醚							

八、实验结果与讨论

（一）实验结果

根据实验计算产率：

$$产率 = \frac{实际产量}{理论产量} \times 100\%$$
$$= \underline{\hspace{4cm}}$$

（二）讨论

对实验结果进行讨论：

九、实验记录

实验十八　苯甲酸的合成

一、实验目的

(1) 复习有机化学实验基本操作。
(2) 复习回流装置。
(3) 复习重结晶操作。

二、实验原理

苯甲酸的合成原理如下：

三、仪器与试剂及装置

仪器：电热套,铁架台,球形冷凝管,圆底烧瓶,烧杯,真空抽滤瓶,布氏漏斗,循环水式真空泵。

试剂：甲苯,高锰酸钾,浓盐酸,蒸馏水,氢氧化钠,二氧化锰,冰水,磁转子。

装置：如图 18.1 所示。

四、实验内容

(1) 在 250 mL 圆底烧瓶中依次加入磁转子、3 mL 甲苯、80 mL 蒸馏水、8.5 g 高锰酸钾,搅拌均匀。然后加入 1 mL 10% 的 NaOH 溶液,按装置图安装实验装置,安装完成后,加热搅拌回流,回流反应 1 h。

(2) 将反应物趁热减压过滤,用少量热水(提前准备)洗涤滤饼(二氧化锰)。

合并滤液,将滤液放入冰水中,用盐酸酸化,使苯甲酸全部析出(pH 约为 2),静置 10 min。

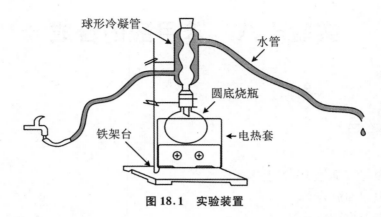

图 18.1　实验装置

(3) 抽滤收集苯甲酸,用少量的水洗涤。

(4) 取所得的苯甲酸,放入 250 mL 洁净烧杯中,并加入 100 mL 水,加热至沸腾,并趁热抽滤。

(5) 滤液置于冰水浴中冷却,待结晶完全析出,抽滤收集苯甲酸,并用少量水冲洗。

(6) 60 ℃ 干燥 10 min,称重,计算产量。

五、注意事项

(1) 反应液如呈红色,可加入少量亚硫酸氢钠褪去。

(2) 注意称重的方法。

(3) 苯甲酸在不同温度下在水(100 mL)中的溶解度为:0.1 g(4 ℃),0.27 g(18 ℃),2.1 g(75 ℃),6.8 g(100 ℃)。

六、原料及主副产物的物理性质

查找资料并结合实验,填写表 18.1。

表 18.1

品名	性状	分子量	熔点	沸点	相对密度	折光率	溶解度
苯甲酸							
甲苯							
高锰酸钾							

七、实验结果与讨论

（一）实验结果

根据实验计算苯甲酸产率：

$$苯甲酸产率 = \frac{实际产量}{理论产量} \times 100\%$$

$$= \underline{\qquad\qquad\qquad}$$

（二）讨论

对实验结果进行讨论：

八、实验记录

第四部分

物理化学实验

实验十九　溶解热的测定

一、实验目的

（1）测量硝酸钾在不同浓度水溶液的溶解热，求硝酸钾在水中溶解过程的各种热效应。

（2）了解电热补偿法测定热效应的基本原理。

（3）掌握电热补偿法仪器的使用。

二、实验原理

物质溶于溶剂中，一般伴随有热效应的发生。盐类的溶解通常包含着几个同时进行的过程：晶格的破坏、离子或分子的溶剂化、分子电离（对电解质而言）等。热效应的大小和符号取决于溶剂及溶质的性质和它们的相对量。

在热化学中，关于溶解过程的热效应，需要了解以下几个基本概念。

溶解热　在恒温恒压下，溶质 B 溶于溶剂 A（或溶于某浓度溶液）中产生的热效应，用 Q 表示。

摩尔积分溶解热　在恒温恒压下，1 mol 溶质溶解于一定量的溶剂中形成一定浓度的溶液，整个过程产生的热效应，用 $\Delta_{sol}H_m$ 表示。

$$\Delta_{sol}H_m = \frac{Q}{n_B} \tag{19.1}$$

式中，n_B 为溶解于溶剂 A 中的溶质 B 的物质的量。

摩尔微分溶解热　在恒温恒压下，1 mol 溶质溶于某一确定浓度的无限量的溶液中产生的热效应，以 $\left(\dfrac{\partial \Delta_{sol}H}{\partial n_B}\right)_{T,P,n_A}$ 表示，简写为 $\left(\dfrac{\partial \Delta_{sol}H}{\partial n_B}\right)_{n_A}$。

稀释热　在恒温恒压下，一定量的溶剂 A 加到某浓度的溶液中使之稀释，所产生的热效应。

摩尔积分稀释热　在恒温恒压下，在含有 1 mol 溶质的溶液中加入一定量的溶剂，使之稀释成另一浓度的溶液，这个过程产生的热效应，用 $\Delta_{dil}H_m$ 表示。

$$\Delta_{dil}H_m = \Delta_{sol}H_{m2} - \Delta_{sol}H_{m1} \tag{19.2}$$

式中，$\Delta_{sol}H_{m2}$、$\Delta_{sol}H_{m1}$ 为两种浓度的摩尔积分溶解热。

摩尔微分稀释热　在恒温恒压下，1 mol 溶剂加入到某一浓度无限量的溶液中所发生的热效应，以 $\left(\dfrac{\partial\Delta_{sol}H}{\partial n_A}\right)_{T,P,n_B}$ 表示，简写为 $\left(\dfrac{\partial\Delta_{sol}H}{\partial n_A}\right)_{n_B}$。

在恒温恒压下，对于指定的溶剂 A 和溶质 B，溶解热的大小取决于 A 和 B 的物质的量，即

$$\Delta_{sol}H = \int(n_A, n_B) \tag{19.3}$$

由(19.3)式可推导得

$$\Delta_{sol}H = n_A\left(\frac{\partial\Delta_{sol}H}{\partial n_A}\right)_{T,P,n_B} + n_B\left(\frac{\partial\Delta_{sol}H}{\partial n_B}\right)_{T,P,n_A} \tag{19.4}$$

或

$$\Delta_{sol}H_m = \frac{n_A}{n_B}\left(\frac{\partial\Delta_{sol}H}{\partial n_A}\right)_{T,P,n_B} + \left(\frac{\partial\Delta_{sol}H}{\partial n_B}\right)_{T,P,n_A} \tag{19.5}$$

令 $n_0 = n_A/n_B$，(19.5)式改写为

$$\Delta_{sol}H_m = n_0\left(\frac{\partial\Delta_{sol}H}{\partial n_A}\right)_{T,P,n_B} + \left(\frac{\partial\Delta_{sol}H}{\partial n_B}\right)_{T,P,n_A} \tag{19.6}$$

(19.6)式中的 $\Delta_{sol}H_m$ 可由实验测定，n_0 由实验中所用的溶质和溶剂的物质的量计算得到。

作出 $\Delta_{sol}H_m$ - n_0 曲线，如图 19.1 所示。曲线某点(n_{01})的切线的斜率为该浓度下的摩尔微分冲淡热(即 $\dfrac{AD}{CD}$)，切线与纵坐标的截距，为该浓度下的摩尔微分溶解热(即 OC)。显然，图中 n_{02} 点的摩尔溶解热与 n_{01} 点的摩尔溶解热之差为该过

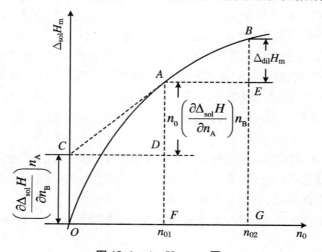

图 19.1　$\Delta_{sol}H_m$ - n_0 图

程的摩尔积分稀释热(即 BE)。

由图 19.1 可见,欲求溶解过程的各种热效应,应当测定各种浓度下的摩尔积分溶解热。本实验采用累加的方法,先在纯溶剂中加入溶质,测出溶解热,然后在这溶液中再加入溶质,测出热效应,根据先后加入溶质总量可求出 n_0,而各次热效应总和即为该浓度下的溶解热。

本实验测定硝酸钾溶解在水中的溶解热,是一个溶解过程中温度随反应的进行而降低的吸热反应,故采用电热补偿法测定。先测定体系的起始温度 T,当反应进行后温度不断降低,由电加热法使体系升温至起始温度,根据所耗的电能求其热效应 Q:

$$Q = I^2 Rt = IUt, \quad P = UI$$

式中,I 为通过电阻为 R 的电阻丝加热器的电流;U 为电阻丝两端所加的电压;t 为通电时间。

三、仪器与试剂

仪器:溶解热测定装置,分析天平,台式天平,搅拌子,称量瓶,量筒,烧杯,研钵,杜瓦瓶。

试剂:硝酸钾(A. R.)。

四、实验步骤

(1) 打开溶解热测定装置电源开关,仪器处于待机状态,待机指示灯亮。

(2) 将 8 只干燥称量瓶编号,并在分析天平上称量后依次加入在研钵中研细的硝酸钾,其质量分别为 1 g,1.5 g,2.0 g,2.5 g,3.0 g,3.5 g,4.0 g,4.5 g。

(3) 在台式天平上称取 216.2 g 蒸馏水于杜瓦瓶内,放入搅拌子,调节"调速"旋钮使搅拌子达到合适转速(确保样品充分溶解),拧紧瓶盖,打开加热开关,调节功率 P 为 2.5 W(实验过程中要求 P 保持稳定,如有不稳定随时校正),使温度高于环境温度 0.5 ℃(因加热器开始加热时有一滞后性,故应先加热),此时温度记为初始温度。

(4) 然后立刻打开杜瓦瓶加料口,加入第一份样品,同时开始计时,硝酸钾溶解吸热,温度降低,等温度上升到初始温度时记录加热的时间 t 以及 Q,同时加入第二份样品,以此类推,直至 8 份样品全部测定完毕。

(5) 实验结束,清洗仪器,指导老师检查结束后方可离开实验室。

五、注意事项

（1）硝酸钾样品要求研细、烘干。

（2）加样品的速度要适当，太快会沉在杜瓦瓶底影响磁转子转动，不能正常搅拌，但也不能太慢。

六、思考题

（1）实验设计中为什么在体系温度高于室温 $0.5\,^{\circ}\!\text{C}$ 时加入第一份硝酸钾？

（2）实验过程中如果加热功率有变化，会造成什么误差？

七、实验结果与讨论

（一）实验结果

根据实验，填写表 19.1。

表 19.1

序号	1	2	3	4	5	6	7	8
t								
Q								
n_0								
$\Delta_{sol}H_m$								

（二）数据处理

（1）求溶液的浓度 n_0：

$$n_0 = \frac{n(\text{H}_2\text{O})}{n(\text{KNO}_3)} = \frac{\dfrac{216.0}{18.0}}{\dfrac{m_{累}}{101.1}} = \frac{1213.2}{m_{累}}$$

其中，$m_{累}$ 为累加的硝酸钾的质量。

（2）计算每次溶解过程中的摩尔积分溶解热：

$$Q = IUt = 2.5t$$

式中，t 为累加时间，单位是 s。

$$\Delta_{sol}H_m = \frac{Q}{n_B}$$

式中,n_B 为溶解于溶剂 A 中的溶质 B 的物质的量。

(3) 将以上列表中的数据以 $\Delta_{sol}H_m$ 为纵坐标,n_0 为横坐标,作 $\Delta_{sol}H_m$ - n_0 曲线图,从图中作切线和垂线求出 $n_0 = 80,150,200$ 处的微分溶解热和微分冲淡热。

(三) 讨论

对实验结果进行讨论:

八、实验记录

实验二十 双液系的气-液平衡相图的绘制实验

一、实验目的

(1) 学会用沸点仪测定大气压下乙醇-环己烷平衡时气相与液相的组成及平衡温度,绘制沸点-组成图,确定恒沸混合物的组成及恒沸点的温度。

(2) 了解物化实验中光学方法的基本原理,学会阿贝折光仪的使用。

(3) 进一步理解蒸馏原理。

二、实验原理

两种在常温时为液态的物质混合起来而组成的二组分体系称为双液系。两种液体若能按任意比例互相溶解,称为完全互溶的双液系;若只能在一定比例范围内互相溶解,则称为部分互双液系。当纯液体或液态混合物的蒸气压与外压相等时,液体就会沸腾,此时气-液两相呈平衡,所对应的温度就为沸点。双液系统的沸点不仅取决于压力,还与液体的组成有关。

定压下双液系统气-液两相平衡时温度与组成关系的图称为 $T-x_B$ 图或沸点-组成图。定压下完全互溶双液系统的沸点-组成图可分为三类:

(1) 各组分对拉乌尔定律的偏差不大,溶液的沸点介于两纯液体的沸点之间,如乙醇与正丙醇系统,如图 20.1(a) 所示。

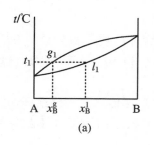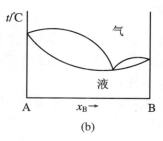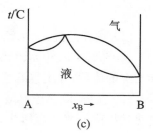

图 20.1 二元系统 $t-x$ 图

(2) 各组分对拉乌尔定律有较大负偏差,其溶液有最低沸点,如丙酮与氯仿系统,如图 20.1(b)所示。

(3) 各组分对拉乌尔定律有较大正偏差,其溶液有最高沸点,如乙醇与环己烷系统,如图 20.1(c)所示。

这些图的纵轴是温度(沸点),横轴是代表液体 B(环己烷)的摩尔分数 x_B。在 $t-x$ 图中有两条曲线:上面的曲线是气相线,表示在不同溶液的沸点时与溶液成平衡时的气相组成;下面的曲线表示液相线,代表平衡时液相的组成。

例如,图 20.1(a)中对应于温度 t_1 的气相点为 g_1,液相点为 l_1,这时的气相组成 g_1 点的横轴读数是 x_B^g,液相组成点 l_1 点的横轴读数为 x_B^l。

如果在恒压下将溶液蒸馏,当气液两相达平衡时,记下此时的沸点,并分别测定气相(馏出物)与液相(蒸馏液)的组成,就能绘出此 $t-x$ 图。

图 20.1(b)上有个最低点,图 20.1(c)上有个最高点,这些点称为恒沸点,其相应的溶液称为恒沸混合物,在此点蒸馏所得气相与液相组成相同。

本实验采用回流冷凝的方法绘制乙醇-环己烷体系的 $t-x_B$ 图。

具体方法是分别在沸点仪中加热组成不同的混合溶液,在其沸点温度下将混合溶液分成气相和液相两部分,用阿贝折光仪测定气相、液相的折射率,再从折射率-组成工作曲线上查得相应的组成,然后绘制 $t-x_B$ 图。

三、仪器与试剂

仪器:玻璃沸点仪一套;阿贝折光仪一台;WLS 系列可调式恒流电源一台;温度传感器 1 支;超级恒温槽一台。

试剂:无水乙醇,环己烷(A.R.)。

四、实验步骤

(一) 工作曲线绘制

(1) 用环己烷、无水乙醇配制待测溶液,分别配制含环己烷体积分数为 0%、20%、40%、60%、80%、90%、100% 的环己烷-乙醇溶液各 30 mL,计算所需环己烷和乙醇的体积,并用移液管准确量取。

(2) 按图 20.2 连好玻璃沸点仪、温度传感器等,且温度传感器的感温杆勿与电热丝相碰。调节超级恒温槽的水浴温度,使阿贝折光仪上的温度计读数保持一致。

(3) 用阿贝折光仪测定上述 7 种溶液以及无水乙醇、环己烷的折光率,将数据记录在表20.1中,并用坐标纸绘制折射率-摩尔分数工作曲线。

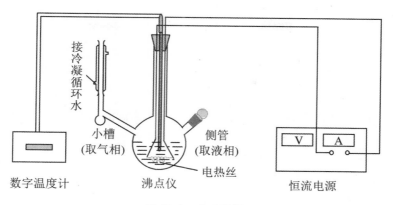

图20.2　实验装置

(二)测定溶液沸点

接通冷凝水,用超级恒温槽完成冷凝循环。分别量取25 mL 20%的环己烷-乙醇待测溶液从侧管加入蒸馏瓶内,并使温度传感器浸入溶液3 cm左右,保证电热丝底端部分完全浸入,并且将加热丝接通恒流电源,将电流调定1~2 A,使电热丝将液体加热至缓慢沸腾,待温度基本恒定后,再连同支架一起倾斜蒸馏瓶,使小槽中气相冷凝液倾回蒸馏瓶内,重复1~3次(重复加热时间不宜太长,3~5 min即可,以免物质挥发),记下混合溶液的沸点。

(三)取样并测定

记下沸点后,切断电源,停止加热。用盛有冷水的烧杯套在玻璃沸点仪底部使体系冷却,用干燥滴管/移液管从小槽中取出液体即平衡时的气相样品,将气相样品储存在事先准备好的干燥小试剂瓶中,试剂瓶放在盛有冷水的小烧杯内,以防止样品挥发,并迅速用阿贝折光仪测量气相折光率并记录。再用胶头滴管吸取蒸馏瓶中的液体即为平衡时的液相样品,将液相样品储存在事先准备好的干燥小试剂瓶中,试剂瓶放在盛有冷水的小烧杯内,以防止样品挥发,迅速用阿贝折光仪测量气相折射率并记录。每份样品需读数3次,取其平均值。

(四)系列乙醇-环己烷溶液的测定

按上述所述步骤分别测定含环己烷为40%、60%、80%、90%的乙醇-环己烷的沸点及两相样品的折射率,并记录在表20.2中。

将溶液倒入回收瓶,将蒸馏瓶放在干燥箱中进行干燥。关闭仪器和冷凝水,将溶液倒入回收瓶中。

五、实验注意事项

（1）玻璃沸点仪中没有装入溶液之前绝对不能通电加热，如果没有溶液，通电加热，玻璃沸点仪会炸裂。

（2）一定要在停止通电加热之后，方可取样进行分析。

（3）使用阿贝折光仪时，棱镜上不能触及硬物（滴管），要用专用擦镜纸擦镜面。

六、思考题

（1）玻璃沸点仪中小球的体积过大对测量有何影响？

（2）如何判定气-液相已达平衡？

七、实验结果与讨论

（一）实验结果

根据实验，填写表 20.1～表 20.3。

表 20.1　待测溶液的摩尔分数及折射率

体积分数（环己烷）	0%	20%	40%	60%	80%	90%	100%
摩尔分数（环己烷 x_B）							
折射率							

表 20.2　待测溶液的沸点、折射率

环己烷浓度	沸点/℃	气相折射率			液相折射率		
0%							
20%							
40%							
60%							

环己烷浓度	沸点/℃	气相折射率		液相折射率	
80%					
90%					
100%					

表 20.3　气相、液相的环己烷摩尔分数气相 x_B

环己烷浓度	气相平均折射率	气相环己烷 x_B	液相平均折射率	液相环己烷 x_B
0%				
20%				
40%				
60%				
80%				
90%				
100%				

（二）数据处理

（1）根据表 20.1 中的数据，绘制折射率-组成（x_B,环己烷摩尔分数）标准工作曲线（用 Origin 或 Excel 作图）。

（2）根据每份溶液的气相、液相的折射率从上述工作曲线上查得相应的摩尔分数（x_B）。

（3）根据查得的气相、液相的摩尔分数对沸点作 t-x_B 相图曲线（用坐标纸手工作图）。

（4）由 t-x_B 相图曲线指出该二元体系的恒沸点温度及恒沸混合物的组成。

（三）讨论

对实验结果进行讨论：

八、实验记录

实验二十一　乙酸乙酯皂化反应速率常数的测定

一、实验目的

（1）测定皂化反应中电导率的变化,计算反应速率常数。

（2）了解二级反应的特点,学会用图解法求二级反应的速率常数。

（3）熟悉电导率仪的使用。

二、实验原理

乙酸乙酯的皂化反应为双分子反应:

$$CH_3COOC_2H_5 + NaOH \Longrightarrow CH_3COONa + C_2H_5OH$$

在这个实验中,将 $CH_3COOC_2H_5$ 和 $NaOH$ 采用相同的浓度,设 a 为起始浓度,同时设反应时间为 t 时,反应所生成的 CH_3COONa 和 C_2H_5OH 的浓度为 x,那么 $CH_3COOC_2H_5$ 和 $NaOH$ 的浓度为 $(a-x)$,即

$$CH_3COOC_2H_5 + NaOH \Longrightarrow CH_3COONa + C_2H_5OH$$

$t=0$ 时,	a	a	0	0
$t=t$ 时,	$a-x$	$a-x$	x	x
$t \to \infty$ 时,	0	0	a	a

其反应速度的表达式为

$$\frac{\mathrm{d}x}{\mathrm{d}t} = k(a-x)^2$$

k 为反应速率常数,将上式积分,可得

$$kt = \frac{x}{a(a-x)} \tag{21.1}$$

　　乙酸乙酯皂化反应的全部过程是在稀溶液中进行的,可以认为生成的 CH_3COONa 是全部电离的,因此对体系电导值有影响的有 Na^+、OH^- 和 CH_3COO^-,而 Na^+ 在反应的过程中浓度保持不变,因此其电导值不发生改变,可以不考虑,而 OH^- 的减少量和 CH_3COO^- 的增加量又恰好相等,又因为 OH^- 的导电能力要大于 CH_3COO^- 的导电能力,所以体系的电导值随着反应的进行是减少

的,并且减少的量与 CH_3COO^- 的浓度成正比。设 L_0 为反应开始时体系的电导值, L_∞ 为反应完全结束时体系的电导值, L_t 为反应时间为 t 时体系的电导值,则有

$$t = t \text{ 时}, \qquad x = k'(L_0 - L_t)$$

$$t \to \infty \text{ 时}, \qquad a = k'(L_0 - L_\infty)$$

k' 为比例系数。代入(21.1)式得

$$L_t = \frac{1}{ka} \times \frac{L_0 - L_t}{t} + L_\infty$$

以 L_t 对 $\dfrac{L_0 - L_t}{t}$ 作图,如果得一直线即为二级反应,其斜率为 $\dfrac{1}{ka}$ 即可求出 k, 由此求得 k 值。

三、仪器与试剂

仪器:恒温水浴,电导率仪,秒表,叉型管(电导池),移液管(2 mL,10 mL 各一支),容量瓶(100 mL 1 个)。

试剂:0.02 mol·L^{-1} NaOH,0.02 mol·L^{-1} 乙酸乙酯,蒸馏水。

四、实验步骤

(一)溶液配制及恒温槽调节

配制 0.02 mol·L^{-1} 的乙酸乙酯(用移液管量取 1.96 mL)和 0.02 mol·L^{-1} 的 NaOH(称量 0.08 g)溶液各 100 mL,打开开关调节恒温槽温度为 25 ℃。

(二)L_0 的测定

(1) 分别取 10 mL 蒸馏水和 10 mL 0.02 mol·L^{-1} 的 NaOH 溶液,加入干燥洁净的叉形管中充分混合均匀,置于恒温槽中恒温 5 min,并用电导仪测定上述已恒温的 NaOH 溶液的电导率 L_0。

(2) 测定方法:打开数显电导率仪,将温度补偿调至 25 ℃,将电导池常数调到对应位置(显示屏上常数与倍数乘积等于电极上标注的数字即可),将仪器调为电导率模式即可进行测量。将电极插入上述装有氢氧化钠溶液的叉形管中,此时电导率仪显示数字就是 L_0 的值(用蒸馏水冲洗电极后擦干备用)。

(三)L_t 的测定

(1) 在叉形管直管中加入 10 mL 0.02 mol·L^{-1} 乙酸乙酯,侧支管中加入 10 mL 0.02 mol·L^{-1} NaOH(此时两种溶液不能混合),并把擦干的电导电极插入

直支管中。在恒温 10 min 后,充分混合两溶液,同时开启秒表计时(实验过程中不能按停),记录反应时间及电导率数值。

(2) 当反应进行到 6 min 时测电导率一次,然后分别在 9 min,12 min,15 min,20 min,25 min,30 min,40 min,50 min,60 min 时各测电导率一次,记录电导率 L_t 和反应时间 t。

五、注意事项

(1) 本实验为避免 CO_2 致使 NaOH 溶液浓度发生变化,NaOH 溶液暴露在空气中的时间越短越好。

(2) 乙酸乙酯溶液使用时需临时配制,因该稀溶液会缓慢水解。在配制溶液时,因乙酸乙酯易挥发,称量时可预先在称量瓶中放入少量的蒸馏水,且动作要迅速。

(3) 为确保 NaOH 溶液与乙酸乙酯溶液混合均匀,需使该量溶液在叉型管中迅速多次来回往复(尽量三次以上)。

(4) 电导极上的铂黑极易抹去,不可用纸擦拭电导电极上的铂黑。

(5) 温度对反应速率及溶液电导值的影响颇为显著,应严格控制恒温。

六、思考题

(1) 本实验中反应物的起始浓度为什么要相等?

(2) 被测溶液的电导能力,是哪些离子的作用?

(3) 在皂化过程中电导率为什么会有变化?

七、实验结果与讨论

(一) 实验结果

根据实验填写表 21.1。

表 21.1

t/min	6	9	12	15	20	25	30	40	50	60
$L_t/\mathrm{ms \cdot cm^{-1}}$										
$(L_0 - L_t)/\mathrm{ms \cdot cm^{-1}}$										
$\dfrac{L_0 - L_t}{t}/\mathrm{ms \cdot cm^{-1} \cdot min^{-1}}$										

（二）数据处理

（1）将 t、L_t、$L_0 - L_t$、$\dfrac{L_0 - L_t}{t}$ 列于上表。

（2）以 L_t 对 $\dfrac{L_0 - L_t}{t}$ 作图 $\left(\text{其中 } L_t \text{ 作纵坐标}, \dfrac{L_0 - L_t}{t} \text{ 作横坐标}\right)$，由所得直线斜率，求出反应速率常数 k。

（三）讨论

对实验结果进行讨论：

八、实验记录

实验二十二　最大气泡法测定溶液表面张力

一、实验目的

（1）测定不同浓度异丙醇溶液的表面张力。

（2）掌握最大气泡法测定溶液表面张力的原理和技术。

二、实验原理

在纯液体情形下，表面层的组成与内部的组成相同，因此液体通过缩小其表面积来降低体系表面自由能。对于溶液，由于溶质会影响表面张力，因此可以通过调节溶质在表面层的浓度来改变溶液的表面张力。

根据能量最低原理，溶质能降低溶剂的表面张力时，表面层中溶质的浓度比溶液内部大；反之，溶质使溶剂的表面张力升高时，它在表面层中的浓度比在内部的浓度低。

引起溶剂表面张力显著降低的物质称为表面活性物质。正丁醇是一种表面活性物质。

测定溶液的表面张力有多种方法，较为常用的有最大气泡法和扭力天平法。本实验使用最大气泡法测定溶液的表面张力（图 22.1）。

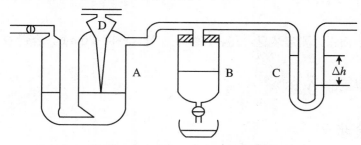

图 22.1　最大气泡法的仪器测试图

A. 表面张力仪；B. 抽气瓶；C. U 形压力计；D. 玻璃管。

图 22.1 中，A 为表面张力仪，其中间玻璃管 D 下端一段直径为 0.2～0.5 mm 的毛细管，B 为充满水的抽气瓶，C 为 U 形压力计，内盛比重较小的水或酒精、甲苯等，作为工作介质，以测定微压差。

将待测表面张力的液体装于表面张力仪中，使 D 管的端面与液面相切，液面即沿毛细管上升，打开抽气瓶的活塞缓缓抽气，毛细管内液面收到一个比 A 瓶中液面上大的压力，当此压力差——附加压力在毛细管断面上产生的作用力稍大于毛细管口液面的表面张力，气泡就从毛细管口脱出，这一最大压力差可由数字式微压差测量仪上读出，其关系式为

$$\Delta P = P_{大气} - P_{系统}$$

此附加压力与表面张力成正比，与气泡的曲率半径成反比，其关系式为

$$\sigma = \frac{r}{2}\Delta P_{最大} \tag{22.1}$$

式中，ΔP 为附加压力；σ 为表面张力；r 为气泡的曲率半径。

若用同一根毛细管，对两种具有表面张力为 σ_1、σ_2 的液体而言，则有下列关系式：

$$\sigma_1 = \frac{r}{2}\Delta P_1, \quad \sigma_2 = \frac{r}{2}\Delta P_2$$

即

$$\sigma_1 = \frac{\sigma_2 \Delta P_1}{\Delta P_2} = K\Delta P_1 \tag{22.2}$$

式中，K 为仪器常数。

因此，用已知表面张力的液体为标准，从式(22.2)即可求出其他液体的表面张力 σ_1。

注　本实验的实验器材与图 22.1 有所区别，但原理相同。

三、仪器与试剂

仪器：表面张力测定装置，恒温装置，毛细管，烧杯(100 mL)，容量瓶(100 mL)，移液管。

试剂：异丙醇(A.R.)。

四、实验步骤

(1) 待测溶液的配制：分别配制 0.1 mol · L^{-1}，0.2 mol · L^{-1}，0.3 mol · L^{-1}

异丙醇溶液各 100 mL。

（2）测量室温温度。

（3）仪器常数的测定：以水作为已知液测定仪器常数。方法是将干燥的毛细管垂直地插到仪器中，使毛细管的端点刚好与水面相切，打开滴液漏斗，控制滴液速度，使毛细管逸出的气泡速度 5～10 秒 1 个，在当气泡刚脱离管端的一瞬间，滴定管中液面差达到最大值，记录读数。通过手册查得实验温度时水的表面张力，利用公式 $K = \sigma_{水}/\Delta P$，求出仪器常数 K。

（4）表面张力随溶液浓度变化的测定：用步骤（1）配制的异丙醇润洗移液管和毛细管，加入适量样品于试管中，按照步骤（3）的方法，测定已知浓度的待测样品的压力差 ΔP，代入公式（22.2）计算其表面张力。

五、注意事项

（1）毛细管一定要保持垂直，管口刚好与液面接触。

（2）在数字式微压差测量仪上，应读出气泡单个逸出时的最大压力差。

（3）测定正丁醇溶液的表面张力时，测量顺序一定是按浓度由小到大。

六、思考题

（1）毛细管尖端为何必须调节为与液面相切？如果毛细管端口插入液面有一定深度，对实验数据有何影响？

（2）最大气泡法测定溶液表面张力时如果气泡逸出得太快，或几个气泡一起出，对结果有无影响？

七、实验结果与讨论

（一）实验结果

根据实验，填写表 22.1、表 22.2。

表 22.1　仪器常数的测定

已知溶液	温度（℃）	表面张力 σ	压力差 ΔP	仪器常数 K
H_2O				

表 22.2   待测溶液异丙醇表面张力的测定

异丙醇浓度/mol·L^{-1}	压力差 ΔP	表面张力 σ
0.1		
0.2		
0.3		

（二）数据处理

（1）根据表 22.1，找出实验温度时水的表面张力，算出毛细管常数 K。

（2）由毛细管常数 K 计算待测溶液的表面张力。

（三）讨论

对实验结果进行讨论：

八、实验记录

实验二十三　乙酸电离平衡常数的测定

一、实验目的

(1) 掌握电导、电导率、摩尔电导率的概念以及它们之间的相互关系。
(2) 掌握恒温水槽及电导率仪的使用方法。
(3) 掌握电导法测定弱电解质电离平衡常数的原理以及计算方法。

二、实验原理

（一）电离平衡常数 K_c 的测定原理

在弱电解质溶液中,只有已经电离的部分才能承担传递电量的任务。在无限稀释的溶液中可以认为弱电解质已全部电离,此时溶液的摩尔电导率为 Λ_m^∞,可以用离子的极限摩尔电导率相加而得。而一定浓度下电解质的摩尔电导率 Λ_m 与无限稀释的溶液的摩尔电导率 Λ_m^∞ 是有区别的,这由两个因素造成:一是电解质的不完全离解,二是离子间存在相互作用力。两者之间有如下近似关系:

$$\alpha = \frac{\Lambda_m}{\Lambda_m^\infty} \tag{23.1}$$

式中,α 为弱电解质的电离度。

对 AB 型弱电解质,如乙酸(即醋酸),在溶液中电离达到平衡时,其电离平衡常数 K_c 与浓度 c 和电离度 α 的关系推导如下:

$$CH_3COOH \longrightarrow CH_3COO^- + H^+$$

起始浓度	c	0	0
平衡浓度	$c(1-\alpha)$	$c\alpha$	$c\alpha$

则

$$K_c = \frac{c\alpha^2}{1-\alpha} \tag{23.2}$$

把式(23.1)代入式(23.2)得

$$K_c = \frac{c\Lambda_{\mathrm{m}}^2}{\Lambda_{\mathrm{m}}^{\infty}(\Lambda_{\mathrm{m}}^{\infty} - \Lambda_{\mathrm{m}})} \tag{23.3}$$

因此,只要知道 $\Lambda_{\mathrm{m}}^{\infty}$ 和 Λ_{m} 就可以算得该浓度下乙酸的电离常数 K_c。根据离子独立定律,$\Lambda_{\mathrm{m}}^{\infty}$ 可以从离子的无限稀释的摩尔电导率计算出来。Λ_{m} 可以从电导率的测定求得,然后求出 K_c 的平均值。

(二)摩尔电导率 Λ_{m} 的测定原理

电导是电阻的倒数,用 G 表示,单位为 S(西门子)。电导率则为电阻率的倒数,用 k 表示,单位为 S·m^{-1}。

摩尔电导率的定义为:含有 1 mol 电解质的溶液,全部置于相距为 1 m 的两个电极之间,这时所具有的电导称为摩尔电导率。摩尔电导率与电导率之间有如下关系:

$$\Lambda_{\mathrm{m}} = \frac{k}{c} \tag{23.4}$$

式中,c 为溶液中物质的量浓度,单位为 mol·m^{-3}。

在电导池中,电导的大小与两极之间的距离 l 成反比,与电极的面积 A 成正比:

$$G = \frac{kA}{l} \tag{23.5}$$

由(23.5)式可得

$$k = K_{\mathrm{cell}} G \tag{23.6}$$

对于固定的电导池,l 和 A 是定值,故比值 l/A 为一常数,以 K_{cell} 表示,称为电导池常数(电极常数),单位为 m^{-1}。为了防止极化,通常将铂电极镀上一层铂黑,因此真实面积 A 无法直接测量,通常将已知电导率 k 的电解质溶液(一般用的是标准的 0.01 mol·L^{-1} KCl 溶液)注入电导池中,然后测定其电导 G 即可由(23.6)式算得电导池常数 K_{cell}。但本实验的电极常数是已知的。

当电导池常数 K_{cell} 确定后,就可用该电导池测定某一浓度 c 的醋酸溶液的电导,再用(23.6)式算出 k,将 c、k 值代入(23.4)式,可算得该浓度下醋酸溶液的摩尔电导率。

在这里 $\Lambda_{\mathrm{m}}^{\infty}$ 的求测是一个重要问题,对于强电解质溶液可测定其在不同浓度下摩尔电导率再外推而求得,但对弱电解质溶液则不能用外推法,通常是将该弱电解质正、负两种离子的无限稀释摩尔电导率相加计算而得,即

$$\Lambda_{\mathrm{m}}^{\infty} = \nu_+ \lambda_{\mathrm{m},+}^{\infty} + \nu_- \lambda_{\mathrm{m},-}^{\infty} \tag{23.7}$$

三、仪器与试剂

仪器:DDS-11A(T)型电导率仪 1 台,恒温槽 1 套,电导池,烧杯,锥形瓶,移液

管(10 mL)、100 mL 容量瓶。

　　试剂:乙酸(A.R.),蒸馏水,电导水。

四、实验步骤

1. 准备工作

(1) 调整恒温槽温度为 25 ℃±0.3 ℃,将电导池洗净、烘干。

(2) 配制 0.1 mol·L^{-1}乙酸溶液 100 mL,备用。

2. 校准电极常数

按下电导率仪"on/off"键打开仪器,按"电极常数"键,选取系数为"1.0",按"▲"或"▼"键调节数值大小,直到显示屏上的"数值"乘以"系数"后的数值与铂电极上标注的数值一致,按"确定"键,出现标定好的电极常数,校准完毕。

3. 测量乙酸溶液的电导率

(1) 校准好电极常数后,将电极用蒸馏水洗净,用吸水纸吸干液体。用洗净、烘干的电导池(叉形管)1 支,加入 20.00 mL 的 0.1 mol·L^{-1}乙酸溶液,将处理好的电极插入到电导池中,测其电导率。

(2) 用吸取乙酸的移液管从电导池中吸出 10.00 mL 乙酸溶液弃去,用另一支移液管取 10.00 mL 电导水注入电导池(此时不要将电极取出),混合均匀,此时乙酸溶液被稀释到 0.05 mol·L^{-1},温度恒定后,测其电导率,如此操作,共稀释 4 次。如此依次测定 0.1 mol·L^{-1}、0.05 mol·L^{-1}、0.025 mol·L^{-1}、0.0125 mol·L^{-1}、0.00625 mol·L^{-1}乙酸溶液的电导率。记录相应浓度乙酸的电导率,并计算电离度和解离常数。

4. 实验结束工作

先关闭各仪器电源,倒去乙酸溶液,用蒸馏水清洗电导电极和电导池,将电极浸泡在盛有蒸馏水的烧杯中以备下一次实验用。将实验台面整理干净,数据记录好,指导老师同意后方可离开实验室。

五、注意事项

(1) 本实验配制溶液时,均需用电导水。

(2) 温度对电导有较大影响,所以整个实验必须在同一温度下进行。每次用电导水稀释溶液时,需温度相同。因此可以预先把电导水装入锥形瓶,置于恒温槽中保持恒温。

六、思考题

（1）什么是电导水？

（2）实验中为何用镀铂黑电极？使用时注意事项有哪些？

七、实验结果与讨论

（一）实验结果

实验温度：_____ ℃，电导池常数 K_{cell}：_____ m^{-1}。

$\Lambda_m^\infty =$ _____ $S \cdot cm^2 \cdot mol^{-1}$。

将实验结果填入表 23.1 中。

表 23.1　乙酸电离常数的测定

$c(HAc)$ $mol \cdot L^{-1}$	电导率 k $\mu S \cdot cm^{-1}$				Λ_m $S \cdot m^2 \cdot mol^{-1}$	电离度 α	K_c
	k_1	k_2	k_3	$\bar{k}$			
1.000×10^{-1}							
5.000×10^{-2}							
2.500×10^{-2}							
1.250×10^{-2}							
6.250×10^{-3}							
K_c（平均值）=							

（二）数据处理过程

（1）由 $\Lambda_m (s \cdot m^2 \cdot mol^{-1}) = \dfrac{\bar{k}}{c}$，可得：

$\Lambda_m(1) =$ _____

$\Lambda_m(2) =$ _____

$\Lambda_m(3) =$ _____

$\Lambda_m(4) =$ _____

$\Lambda_m(5) =$ _____

（2）由以上结果计算：

$$\Lambda_m^\infty(HAc) = \Lambda_m^\infty(H^+) + \Lambda_m^\infty(Ac^-)$$
$$= 349.82\ S \cdot cm^2 \cdot mol^{-1} + 40.9\ S \cdot cm^2 \cdot mol^{-1}$$
$$= 390.72\ S \cdot cm^2 \cdot mol^{-1}$$
$$= 3.9072 \times 10^{-2}\ S \cdot m^2 \cdot mol^{-1}$$

（3）由 $\alpha = \dfrac{\Lambda_m}{\Lambda_m^\infty}$，可得：

$$\alpha(1) = \underline{\hspace{8cm}}$$
$$\alpha(2) = \underline{\hspace{8cm}}$$
$$\alpha(3) = \underline{\hspace{8cm}}$$
$$\alpha(4) = \underline{\hspace{8cm}}$$
$$\alpha(5) = \underline{\hspace{8cm}}$$

（4）由 $K_c = \dfrac{c_0 \Lambda_m^2}{\Lambda_m^\infty(\Lambda_m^\infty - \Lambda_m)}$，可得：

$$K_c(1) = \underline{\hspace{8cm}}$$
$$K_c(2) = \underline{\hspace{8cm}}$$
$$K_c(3) = \underline{\hspace{8cm}}$$
$$K_c(4) = \underline{\hspace{8cm}}$$
$$K_c(5) = \underline{\hspace{8cm}}$$
$$K_c(平均值) = \underline{\hspace{8cm}}$$

（三）结果要求及文献值

（1）25 ℃时乙酸的电离常数应在 4.6～4.9 范围内。

（2）文献值：乙酸 $pK_a = 4.756(25\ ℃)$。

（四）讨论

对实验结果进行讨论：

八、实验记录

实验二十四　蔗糖水解反应速率常数的测定

一、实验目的

（1）了解旋光仪的基本原理，掌握旋光仪的正确使用方法。

（2）了解反应的反应物浓度与旋光度之间的关系。

（3）测定蔗糖转化反应的速率常数和半衰期。

二、实验原理

蔗糖在水中水解成葡萄糖的反应为

$$C_{12}H_{22}O_{11}（蔗糖）+ H_2O \xrightarrow{H^+} C_6H_{12}O_6（葡萄糖）+ C_6H_{12}O_6（果糖）$$

这是一个二级反应，但在 H^+ 浓度和水量保持不变时，反应可视为一级反应，速率方程式可表示为

$$-\frac{dc}{dt} = kc$$

式中，c 为时间 t 时的反应物浓度，k 为反应速率常数。上式积分可得

$$\ln\frac{c}{c_0} = -kt$$

式中，c_0 为反应开始时反应物浓度。

当 $c = 0.5c_0$ 时，t 可用 $t_{1/2}$ 表示，即为反应半衰期：

$$t_{1/2} = \frac{\ln 2}{k} = \frac{0.693}{k} \tag{24.1}$$

从 $\ln\frac{c}{c_0} = -kt$ 可看出，在不同时间测定反应物的相应浓度，并以 $\ln\frac{c}{c_0}$ 对 t 作图，可得一直线，由直线斜率既可得反应速率常数 k。上式说明一级反应的半衰期只取决于与反应速率常数 k，而与起始浓度无关，这是一级反应的一个特点。然而反应是在不断进行的，要快速分析出反应物的浓度是困难的。但蔗糖及其转化物，都具有旋光性，而且它们的旋光能力不同，故可以利用体系在反应进程中旋光度的

变化来度量反应的进程。

　　所谓旋光度,是指一束偏振光通过有旋光性物质的溶液时,使偏振光振动面旋转某一角度的性质。其旋转角度称为旋光度 α。使偏振光顺时针旋转的物质称为右旋物质,α 为正值,反之为左旋物质,α 为负值。

　　测量物质旋光度的仪器称为旋光仪。溶液的旋光度与溶液中所含物质的旋光能力、溶液性质、溶液浓度、样品管长度及温度等均有关系。当其他条件固定时,旋光度 α 与反应物浓度 c 呈线形关系,即

$$\alpha = \beta c$$

式中比例常数 β 与物质旋光能力、溶液性质、溶液浓度、样品管长度、温度等有关。

　　物质的旋光能力用比旋光度来度量,比旋光度用下式表示:

$$[\alpha]_D^{20} = \alpha \times \frac{100}{l} \times c_A$$

式中 $[\alpha]_D^{20}$ 右上角的"20"表示实验时温度为 20 ℃,D 是指用钠灯光源 D 线的波长(即 589 nm),α 为测得的旋光度(°),l 为样品管长度(dm),c_A 为浓度(g/100 mL)。

　　作为反应物的蔗糖是右旋性物质,其比旋光度 $[\alpha]_D^{20} = 66.6°$;生成物中葡萄糖也是右旋性物质,其比旋光度 $[\alpha]_D^{20} = 52.5°$,但果糖是左旋性物质,其比旋光度 $[\alpha]_D^{20} = -91.9°$。由于生成物中果糖的左旋性比葡萄糖右旋性大,所以生成物呈现左旋性质。随着蔗糖水解反应的进行,体系的右旋角不断减小,旋光度由右旋逐渐变为左旋,直至蔗糖完全转化,这时左旋角达到最大值 α_∞。

　　设体系最初的旋光度为

$$\alpha_0 = \beta_反 c_0 \quad (t = 0,蔗糖尚未转化)$$

体系最终的旋光度为

$$\alpha_\infty = \beta_生 c_0 \quad (t = \infty,蔗糖已完全转化)$$

以上两式中 $\beta_反$ 和 $\beta_生$ 分别为反应物与生成物的比例常数。

　　当时间为 t 时,蔗糖浓度为 c,此时旋光度为 α_t,即

$$\alpha_t = \beta_反 c + \beta_生 (c_0 - c)$$

由以上三式联立可解得

$$c_0 = \frac{\alpha_0 - \alpha_\infty}{\beta_反 - \beta_生} = \beta'(\alpha_0 - \alpha_\infty)$$

$$c = \frac{\alpha_t - \alpha_\infty}{\beta_反 - \beta_生} = \beta'(\alpha_t - \alpha_\infty)$$

将以上两式代入 $\ln \dfrac{c}{c_0} = -kt$,即得

$$\ln(\alpha_t - \alpha_\infty) = -kt + \ln(\alpha_0 - \alpha_\infty) \tag{24.2}$$

　　所以,以 $\ln(\alpha_t - \alpha_\infty)$ 对 t 作图可得一直线,由截距可得到 α_0 的值,由直线斜率的负值可得反应速率常数 k。

本实验利用旋光度测定蔗糖水解速率常数的方法如下：直接测得一系列 t 时间的旋光度 α_t 和反应结束时的旋光度 α_∞，代入式(24.2)作图，根据斜率求得 k。

通常用下列方法测定 α_∞：将反应液置于 55 ℃的水浴中加热 30 min，通过升温加速水解反应的进行，待反应充分后，将样品冷却至室温，测定其旋光度，即为 α_∞。

三、仪器与试剂

仪器：旋光仪，超级恒温槽，秒表，托盘天平，100 mL 容量瓶，250 mL 碘量瓶，100 mL 量筒，玻璃片，滤纸，擦镜纸。

试剂：蔗糖，3 mol·L^{-1} HCl 溶液，蒸馏水。

四、实验步骤

(1) 打开恒温水浴，将水温调到 55 ℃，打开旋光仪电源，预热 10 分钟。

(2) 称量 20 g 蔗糖将其溶解稀释至 100 mL，量取 25 mL 的浓 HCl 将其稀释至 100 mL(配制的 HCl 溶液两组共用)。

(3) 旋光仪零点的校正。蒸馏水为非旋光物质，可以用来校正旋光仪的零点。校正时，先洗净旋光管，由一端向管内灌满蒸馏水，然后盖上玻璃片和套盖，玻璃片紧贴于旋光管，勿使其漏水或有气泡。然后用滤纸将管外的水擦干，再用擦镜纸将样品管两端的玻璃片擦净，放入旋光仪中，注意标记测量管的放置方向，管内如有小气泡应将气泡赶到凸颈处。测量蒸馏水的旋光度，然后按"清零"键，显示"0.000"读数。

(4) 反应过程的旋光度的测定。用量筒量取步骤(2)配制好的蔗糖溶液和 HCl 溶液各 50 mL 放置于两个干净干燥的碘量瓶中，并用标签标记好。然后将 HCl 溶液迅速倒入蔗糖溶液中，迅速摇匀使之充分混合。用少量混合后的溶液润洗旋光管(100 mm)三次，然后再装满旋光管，将玻璃片盖好(使管内无气泡存在)，拧紧螺帽，不能漏水，用滤纸擦净旋光管外部，放入旋光仪中，开始计时，计时至 2 min 时，记录数据。如此，每隔 2 min 测量一次，直至 30 min。开始计时后，将剩余的溶液倒入碘量瓶中并放入恒温槽中加热，待 30 min 后取出，冷却至室温。

(5) α_∞ 的测量。测量结束后倒去旋光管中的溶液，用加热过冷却至室温的溶液润洗旋光管三次，再装满旋光管，等待 2 min，等旋光度变化很小时，记下此时的旋光度，共测三次，求其平均值，即为 α_∞ 值。

(6) 实验结束，关闭电源，整理实验台面，洗净玻璃仪器并摆放整齐。严格洗净旋光管，用滤纸擦干净后放入旋光仪。记录好实验数据，经指导老师审核并同意后方可离开实验室。

五、注意事项

(1) 由于酸对仪器有腐蚀作用,操作时应特别注意,避免酸液滴到仪器上。装旋光管时一定要将管外部擦干净,防止溶液带入仪器,损坏仪器。

(2) 实验结束后必须将旋光管上下关口打开并冲洗干净,否则旋光管易被腐蚀。

(3) 测定 α_∞ 时要掌握好温度和时间,防止出现水解等副反应。

六、思考题

(1) 蔗糖水解反应过程中是否必须对仪器进行零点校正? 为什么?

(2) 配制蔗糖的 HCl 溶液时,是将 HCl 加到蔗糖溶液里去,可否将蔗糖溶液加到 HCl 溶液中去? 为什么?

(3) 蔗糖水解速率常数与哪些因素有关系?

七、实验结果与讨论

(一) 实验结果

室温 _____,压强 _____,温度 _____,α_∞ = _____、_____、_____,$\alpha_{\infty平均}$ = _____,α_0 = _____。

将蔗糖转化反应旋光度的测定结果填入表 24.1 中。

表 24.1

$t/\min$	$\alpha_t(°)$	$\alpha_\infty(°)$	$\alpha_t - \alpha_\infty(°)$	$\ln(\alpha_t - \alpha_\infty)$
2				
4				
6				
8				
10				
12				
14				
16				

t/min	$\alpha_t(°)$	$\alpha_\infty(°)$	$\alpha_t - \alpha_\infty(°)$	$\ln(\alpha_t - \alpha_\infty)$
18				
20				
22				
24				
26				
28				
30				

（二）数据处理

（1）以 $\ln(\alpha_t - \alpha_\infty)$ 为纵坐标，t 为横坐标，用 Origin 作 $\ln(\alpha_t - \alpha_\infty)-t$ 图。

（2）由 $\ln(\alpha_t - \alpha_\infty)-t$ 图的截距可知 α_0，斜率可求出反应速率常数 k，进而由公式（24.1）求出反应的半衰期 $t_{1/2}$。

（三）讨论

对实验结果进行讨论：

八、实验记录